农田与草地碳交易项目监测及核算方法

李玉娥　刘　硕等　编著

科学出版社

北京

内 容 简 介

农业是重要的温室气体排放源。改善农田水肥管理、优化草地管理措施能够显著减少农田和草地温室气体排放，并提高土壤固碳量。本书通过梳理全球碳市场农业项目减排固碳方法和规则，阐明了国内开展此类项目的机遇和挑战；探索了适用于碳市场的农业减排固碳项目监测和核算方法，提出了保护性耕作、可持续草地管理、农田氮肥管理、稻田节水灌溉 4 项方法学；编制了种植业机构温室气体排放核算与报告要求。为推动农业减排固碳项目进入碳市场、促进农业绿色低碳转型提供技术支撑。

本书可供地理、生态、环境和经济管理等领域有关科研和技术人员、大专院校相关专业师生使用和参考。

图书在版编目（CIP）数据

农田与草地碳交易项目监测及核算方法/李玉娥等编著. —北京：科学出版社，2022.10
　ISBN 978-7-03-073313-9

Ⅰ. ①农… Ⅱ. ①李… Ⅲ. ①农业–二氧化碳–排污交易–研究–中国 Ⅳ. ①S210.4②X511

中国版本图书馆 CIP 数据核字（2022）第 182684 号

责任编辑：杨帅英　张力群/责任校对：郝甜甜
责任印制：吴兆东/封面设计：无极书装

科 学 出 版 社 出版
北京东黄城根北街 16 号
邮政编码：100717
http://www.sciencep.com
北京建宏印刷有限公司 印刷
科学出版社发行　各地新华书店经销
*
2022 年 10 月第 一 版　　开本：787×1092　1/16
2022 年 10 月第一次印刷　　印张：9 1/2
字数：223 000

定价：95.00 元
（如有印装质量问题，我社负责调换）

作 者 名 单

主　　笔：李玉娥　刘　硕

主要作者：万运帆　秦晓波
　　　　　　王　斌　蔡岸冬

前　言

《联合国气候变化框架公约》(UNFCCC)旨在控制大气中温室气体浓度,使生态系统能够自然地适应气候变化,确保粮食生产免受威胁并促进可持续发展。该框架下的《京都议定书》提出了清洁发展机制(CDM)和联合履约(JI),为区域和国家碳市场以及自愿减排市场发展提供了参考。

碳市场可分为两种,即基于排放配额的碳交易市场和基于项目的碳抵消市场。基于排放限额的碳交易市场是在法律法规和政策确定的碳排放限额下,相关机构和实体依据获得的碳排放配额和自身的经济活动所需的碳配额,参与到市场中开展配额的买或卖的市场活动。基于项目的碳减排交易可划分为政府或政府间机构管辖的项目碳交易和民间组织机构管理的项目碳交易。所有参与碳市场交易的减排增汇项目,都需要采用批准的方法学计算和监测项目减排量。目前非常活跃的自愿减排标准包括核证碳标准(VCS)、黄金标准(GS)、美国碳注册(ACR)系统、气候行动储备(CAR)等。

我国是气候变化治理的重要参与者,积极探索并建立了全国碳市场。2012 年 6 月,国家发展和改革委员会发布了《温室气体自愿减排交易管理暂行办法》,明确了我国的国家自愿减排市场。我国借鉴 CDM 的相关技术规则和程序,建立了"中国核证自愿减排量"(CCER)市场,以激励潜在的减排项目和规范多样化的自愿减排市场,为市场参与者提供权威和透明的项目和减排量信息。

农业是重要的非二氧化碳(CO_2)温室气体排放源,其排放总量约占全球人为排放总量的 10%~12%。农田施肥造成的氧化亚氮(N_2O)排放、稻田甲烷(CH_4)排放,以及农机具使用造成的 CO_2 排放是农业种植过程中产生温室气体的重要排放源。合理的农田、草地管理措施可以增加土地碳储量。因此,农田和草地减排固碳是应对气候变化的重要措施。目前,国际碳市场相关标准都将农业项目设定为合格的减排交易项目,农业已成为碳市场的重要组成部分。创建适用于我国农田和草地管理活动的减排增汇项目监测与核算方法,成为我国农业项目参与碳市场所需开展的重要基础性技术工作。

为此,本专著梳理了全球碳市场概况及农业减排机遇和挑战(第 1 章),建立了保护性耕作减排增汇项目方法学(第2章)、农田氮肥管理 N_2O 减排项目方法学(第3章)、稻田灌溉管理 CH_4 减排项目方法学(第 4 章)、可持续草地管理温室气体减排计量与监测方法学(第 5 章),以及种植业机构温室气体排放核算与报告要求(第 6 章),明确了农田和草地不同人为活动下方法学适用条件、项目边界、基线和项目情景排放量计算方法、项目减排量计算方法、监测方法、排放因子获取方法及默认值、活动水平获取方法等碳计量步骤,以期为我国农田和草地减排固碳项目开发、审查与核证提供科学依据。

由于笔者水平所限,疏漏之处恐在所难免,希望读者们不吝指教,以便再版时改正。

作　者
2021 年 4 月于北京

目 录

第1章　全球碳市场概况及农业减排机遇和挑战

温室气体排放权交易(碳排放权交易)是控制和减少温室气体排放的一种有效途径。碳市场可分为基于排放配额的碳交易市场和基于项目的碳抵消市场两种。基于排放配额的碳交易市场是在法律法规和政策确定的碳排放限额下，相关机构和实体依据获得的碳排放配额和自身的经济活动所需碳配额的情况，参与到市场中开展配额的买或卖的市场活动，也称为"限额与交易"。排放交易体系(ETS)确定了碳交易的基本规则。欧盟排放交易体系(EU-ETS)、《欧盟排放交易计划》等基于排放配额的碳交易市场始于《京都议定书》确立的发达国家在2008~2012年所需承担的具有法律约束力的碳减排义务，美国加州温室气体排放总量控制与交易机制也属于基于排放配额的碳交易市场范畴。除了基于排放配额的碳交易外，还有基于项目的碳减排交易，这类交易可划分为政府或政府间机构管辖的项目碳交易和民间组织机构管理的项目碳交易。政府或政府间机构管辖的项目碳交易始于《京都议定书》下的清洁发展机制(CDM)和联合履约(JI)，为之后基于碳交易规则的制定提供了蓝本。

自愿减排碳市场的发展，需要通过立法或制定政策允许私营部门、政府、非政府组织和企业能够从自愿减排碳市场购买减排量抵消其温室气体排放，以履行其所承担的减排义务、展示其在应对气候变化、引导消费者和产业链的可持续发展等方面的领导力和社会责任。目前比较活跃的自愿减排标准包括核证碳标准(VCS)、黄金标准(GS)、美国碳注册(ACR)系统、气候行动储备(CAR)等，所有这些标准都将农业项目设定为合格的减排交易项目，使农业成为碳市场的重要组成部分。

1.1　基于排放配额的碳交易

一些国家也建立了区域、国家或国内区域排放配额碳市场，如欧盟碳排放交易体系、新西兰排放交易体系(NZ-ETS)、瑞士碳排放交易体系、中国碳排放交易体系的8个试点(表1-1)、美国加州排放总量控制和交易系统等。表1-2梳理了全球强制性减排交易市场的规模、减排目标、利用抵消配额的比例。除新西兰外，在其他国家均未将农业行业减排纳入到强制减排交易系统，新西兰农业温室气体排放占其温室气体排放总量的50%左右，在"应对气候变化(零碳)修正案"中，确定了农业 CH_4 减排目标，即2030年和2050年农业 CH_4 排放分别比2017年减少10%和24%~47%。

我国碳市场以较低成本控制碳排放的良好效果，已经显现。据生态环境部应对气候变化司统计，截至2020年8月，全国碳排放交易体系试点省市碳市场共覆盖近3000家重点排放单位。这些排放单位已累计成交配额量约4亿t CO_2eq，成交额超过90亿元(表1-1)。

表 1-1　我国 8 个碳排放权交易试点现货累计成交量和成交额

交易试点	成交量/(万 t CO$_2$eq)	成交额/亿元
北京	3612	14.7179
上海	3994	8.4388
深圳	5679	13.5477
广东	15631	35.1936
湖北	7803	16.2537
重庆	848	0.2861
天津	813	1.0880
福建	1032	2.0146
合计	39412	91.5404

数据来源: https://www.sohu.com/a/365316717_653090

1.2　基于项目的减排碳市场

除了基于排放配额的碳交易外,国际上还相继建立了许多基于项目的减排交易标准,如清洁发展机制、联合履约、核证碳标准、黄金标准、气候行动储备、美国碳注册系统、澳大利亚减排基金(ERF),欧洲主要国家在近两年也建立了以土地利用为主的自愿减排标准。不同标准都建立了各自的规则。

1.2.1　不同标准规则的综述

基于项目碳市场制定了严格的规则,对减排项目的额外性论述和基准线识别、固碳持久性的解决方案、减排量的真实性和可测量性、减排量核算的保守性、项目报告的透明性和第三方独立审核方法等都制定了明确要求。不同标准的规则综述如下:

1. 清洁发展机制

CDM 是《京都议定书》中发达国家和发展中国家减少温室气体排放的一种合作机制,发达国家提供资金和/或技术,在发展中国家实施减少温室气体排放的项目,项目所产生的减排量可以用于发达国家履行《京都议定书》所规定的减排义务,降低发达国家的减排成本,同时也促进发展中国家的可持续发展。CDM 项目的基本要求是必须产生真实的、长期的和可测量的温室气体减排效益,要求项目具有额外性、核算保守性、报告透明性、减排唯一性,避免重复核算和重复签发,并经过第三方的项目审定和减排量核证(图 1-1)。

表 1-2　全球强制性减排交易市场的规模、减排目标、利用碳市场抵消的比例[a]

序号	排放交易系统名称	辖区	启动年份	排放总量/(Mt CO₂eq)	减排目标	利用抵消机制的比例
1	加拿大-新斯科舍省	新斯科舍省	2018	15.9 (2017 年)	2020 年比 1990 年减少 10%； 2030 年比 2005 年减少 30%； 2050 年实现净零排放	正在咨询
2	加拿大魁北克总量控制和贸易系统	魁北克省	2013	78.7 (2017 年)	2020 年比 1990 年减少 20%； 2030 年比 1990 年减少 37.5%	排放配额的 8%
3	中国排放交易系统-北京试点	北京	2013	188.1 (2012 年)	2020 年碳排放强度比 2015 年减少 20.5%	排放配额的 5%
4	中国排放交易系统-重庆试点	重庆	2014	300 (2018 年)	2020 年碳排放强度比 2015 年减少 19.5%	排放配额的 8%
5	中国排放交易系统-福建试点	福建	2016	240.0 (2014 年)	2020 年碳排放强度比 2015 年减少 19.5%	排放配额的 10%
6	中国排放交易系统-广东试点	广东	2013	610.5 (2012 年)	2020 年碳排放强度比 2015 年减少 20.5%	—
7	中国排放交易系统-湖北试点	湖北	2014	463.1 (2012 年)	2020 年碳排放强度比 2015 年减少 19.5%	排放配额的 10%
8	中国排放交易系统-上海试点	上海	2013	297.7 (2012 年)	2020 年碳排放强度比 2015 年减少 20.5%	2016 年后排放配额的 1%
9	中国排放交易系统-深圳试点	深圳	2013	83.45 (2012 年)	2020 年碳排放强度比 2005 年降低 45%	排放配额的 10%
10	中国排放交易系统-天津试点	天津	2013	215 (2012 年)	2020 年碳排放强度比 2015 年减少 20.5%	排放配额的 10%
11	欧盟排放交易系统	欧盟	2005	4323 (2017 年)	2020 年比 1990 年减少 20%； 2030 年比 1990 年减少 40%； 在 EU-ETS 中，排放量比 2005 年降低 43%	2013~2020 允许 LDCs 的 CDM 碳信用，只接受其他国家 2012 年 12 月 31 号之前的碳信用
12	日本 Saitama 排放交易系统	Saitama	2011	36.6 (2016 年)	2020 年排放量比 2005 年减少 21%	与项目类型有关
13	日本东京排放交易系统	东京	2010	64.8 (2017 年)	2020 年比 2000 年减排 25%； 2030 年比 2000 年减少 30%； 2050 年实现净零排放	与项目类型有关
14	哈萨克斯坦排放交易系统	哈萨克斯坦	2013	353.2 (2017 年)	2020 年比 1990 年减少 5%； 2030 年比 2000 年减少 15%~25% (NDC)； 2050 年发电行业比 2012 年减少 40%	国内减排小项目，没有限制

续表

序号	排放交易系统名称	辖区	启动年份	排放总量/(Mt CO$_2$eq)	减排目标	利用抵消机制的比例
15	韩国排放交易系统	韩国	2015	709.1（2017年）	2020年比BAU减少30%；2030年比BAU减少37%	排放配额的10%
16	墨西哥排放交易系统	墨西哥	2020	733.8（2017年）	2020年比BAU减少30%；2030年比BAU减少22%；2050年比2000年GHG排放量低50%	排放配额的10%
17	新西兰排放交易系统	新西兰	2008	81.0（2017年）	2020年比1990年减少5%；2030年比2005年减少30%；2050年实现净零排放；2030和2050年院分别比2017年减少10%、24%~47%	2015年6月1日之后，不接受CDM和JI项目
18	瑞士排放交易系统	瑞士	2008	47.2（2017年）	2020年比1990年减少20%；2025年比1990年减少35%；2030年比1990年减少50%；2050年实现净零排放	允许LDCs国家的CDM项目，接受其他国家2012年12月31号之前的碳信用；以前进入自愿市场的企业可用抵消额为排放配额的11%；航空业2020年可用的碳市场抵消量为排放配额的1.5%
19	美国加里福尼亚州总量控制和交易计划系统	加里福尼亚州	2012	424（2017年）	2020年与1990年排放持平；2030年比1990年减少40%；2045年实现净零排放	2020年前为排放配额的8%；在2021~2025年之间可使用的抵消份额为4%，之后保持在6%[b]
20	美国马萨诸塞州电力行业排放限额系统	马萨诸塞州	2018	73.3（2017年）	2020年比1990年减排25%；2080年比1990年减排80%	—
21	美国区域温室气体减排倡议（RGGI）（电力行业）	康涅狄格州、特拉华州、马里兰州、缅因州、马萨诸塞州、新罕布什尔州、新泽西州、纽约州、罗德岛州、佛蒙特州	2009	463.6（2014年）	2020年比2005年CO$_2$减排50%；2030年比2020年CO$_2$减排30%	2021~2030：排放配额的3.3%

a. International Carbon Action Partnership. https://icapcarbonaction.com/en/ets-map.[2020-12-17]

b. Compliance Offset Program. https://ww2.arb.ca.gov/our-work/programs/compliance-offset-program/about. [2020-09-01]

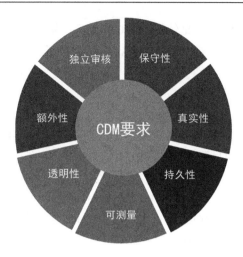

图 1-1　CDM 项目的要求

基准线与额外性是 CDM 方法学的核心内容。基准线是代表一种有经济吸引力/竞争力的主流技术所产生的温室气体排放量。额外性是指 CDM 项目产生的减排量必须额外于在没有注册的项目活动的情况下即基准线情形下产生的减排量,是衡量 CDM 项目是否合格的重要标准之一(国家气候变化对策协调小组办公室,2006)。CDM 项目基准线识别和额外性论证一般需要 5 步:①证明项目是否为首创;②识别项目的替代方案,判断替代方案是否为强制性的法律法规的要求,确定基准项目;③障碍分析,包括识别阻碍项目替代方案实施的各种障碍,剔除因受障碍影响不能实施的替代方案;④项目投资分析;　⑤常规做法分析。

2. 联合履约

联合履约也是《京都议定书》下基于项目的、发达国家之间开展的合作减排机制。只有在《京都议定书》附件一所列国家(发达国家)的国家温室气体清单报告中包括的行业才能在 JI 下进行交易。

3. 核证碳标准

VCS 对项目质量要求的严格程度与 CDM 项目一致。VCS 要求减排量是真实的和可测量的,减排量具有额外性、持久性、减排量核算的保守性。VCS 的具体要求:①项目减排量必须采用经 VCS 批准的方法学,以确保温室气体减排的真实性和可测量性;②项目额外性论证方法参考了 CDM 项目额外性确定的程序,项目基线确定则依据 CDM 方法学的确定方法;③项目必须使用保守的假设和参数值,以确保不高估项目的减排固碳量;④农业、林业和其他土地利用(AFOLU)项目产生的碳汇按一定比例的碳汇存放在"缓冲池",以解决因不可预见的事件(如火灾或病虫害)导致的固碳非持久性问题,碳汇项目周期至少 30 年;⑤事先分析泄漏的风险,根据泄漏风险的大小,确定泄漏默认值(一般在 10%~70%)(Romano et al.,2015);⑥项目必须由具有审定/核证资质的机构审定，以确认项目设计文件符合 VCS 要求、温室气体减排量或清除量的核算符合 VCS 方法学的要求；⑦项目必须在 VCS 注册，确保每个 VCS 项目拥有唯一的序列号，以防止重复计算[①]。

4. 黄金标准

针对额外性，黄金标准项目使用 UNFCCC 批准的或黄金标准批准的额外性工具来论证项目的额外性，小规模项目可以使用 CDM 的最新版的"证明小规模项目活动的额外性"来论证额外性[②]。针对碳汇项目非持久性问题，GS 要求将土地利用和林业项目碳汇量的 20% 存放在 GS 缓冲池账户，碳汇项目周期至少 30 年。针对土地利用和林业固碳项目经济回报慢的问题，GS 标准规定项目通过审定或者后续绩效认证后，可以预先签发减排固碳量，造林再造林项目最多可预先签发 5 年的减排固碳量，农业项目最多可预先签发 3 年的减排固碳量。

5. 美国碳注册系统

关于项目的额外性，ACR 要求项目采用绩效评估标准论证项目的额外性，或者项目必须通过以下三个方面的测试：①法律法规的要求；②项目具有创新性，不是常规实践；③至少克服机制、资金和技术中的一种障碍。ACR 标准提出了三种方式解决生态系统固碳或避免土地利用方式转换项目固碳的非持久性问题：①项目参与方在 ACR 储备账户中存放一定比例的碳汇量，利用 ACR 风险分析和储备确定工具决定存放的比例；②使用 ACR 批准的保险方法；③ACR 批准的风险缓解机制。农业、林业和其他土地利用项目参与方与 ACR/Winrock 签订具有法律约束力的固碳非持久性的补偿协议，说明固碳非持久性的解决方式，固碳非持久性的监测、报告和补偿。考虑到 AFOLU 项目可能存在固碳非持久性的风险，造林再造林、避免土地转换、湿地恢复和植被恢复项目周期为 40 年，改善森林管理的项目周期为 20 年，农业减排增汇项目的项目周期由项目方法学确定。ACR 要求项目参与方根据相关类型项目和方法的要求，解决和降低项目的泄漏风险。如果项目的泄漏超过了方法学规定的阈值，项目参与方必须在项目减排固碳量中扣除项目的泄漏。关于减排或固碳量的签发，只能在核证项目减排、固碳量之后才能签发[③]。

6. 气候行动储备

CAR 采用标准化的方法确定项目的额外性，优点在于管理上更易于实施，可以降低

---

① VCS Quality Assurance Principles.https://verra.org/project/vcs-program/projects-and-jnr-programs/vcs-quality-assurance-principles/.[2020-09-01]

② Gold Standard for the Global Goals-Principles and Requirements. https://globalgoals.goldstandard.org/standards/101_V1.1_TC_PAR_Principles-Requirements.pdf. [2020-09-01]

③ The American Carbon Registry Standard. Requirements and specifications for the quantification, monitoring, reporting, verification, and registration of project-based GHG emissions reductions and removals. https://americancarbonregistry.org/ carbon-accounting/standards-methodologies/american-carbon-registry- standard/ acr-standard-v6_final_july-01-2019.pdf. [2020-09-03]

项目开发商的交易成本，减轻投资者的不确定性，并提高监管决策的透明度和一致性。CAR 所有方法学中都包含了标准化的额外性论证方法，主要内容包括：①法律法规测试，如果法律强制要求执行该类型项目，则项目不具备额外性；②绩效测试，在制定绩效标准时，CAR 考虑可能影响开展项目活动的财务、经济、社会和技术因素。如果证明由于受这些因素的影响，大多数项目都不可能实施，则可证明项目具有额外性[①]。CAR 的每一个碳汇方法学都规定了非持久性的解决方案。有的采用"缓冲池"，将一定比例的碳汇量存放在"缓冲池"中，用于补偿可能发生的碳汇量的排放，或直接用项目碳汇量补偿碳的逆转[①]。如草地方法学要求固碳量签发后要持续监测土壤碳储量 100 年，在签发后 100 年之内如果发生已固定的碳又排放到大气中，需要判断非持久性是由于不可抗拒的自然灾害引起还是由于人为活动引起的：如果是由于人为活动引起的固碳的非持久性，项目参与方必须计算确定碳汇逆转的数量，利用项目产生的碳汇对固碳逆转进行补偿。根据已有的研究结果，确定草地项目方法学的泄漏排放量占基线排放量的 20%[②]。CAR 通过项目筛选、方法学、项目注册、项目信息公开等一系列措施避免项目的重复计算、重复签发和重复销售[①]。

7. 阿尔伯塔排放抵消体系（AEOS）

阿尔伯塔排放抵消机制为加拿大阿尔伯塔省控排企业履约提供了灵活机制。采用 AEOS 批准的方法学核算项目减排量，并由第三方审定和核证[③]。阿尔伯塔排放抵消机制制定了额外性评估技术指南，主要包括：①项目活动是否为现有的法律、法规或者条例强制要求的；②确定技术渗透率，即实施项目活动或者采用技术存在的障碍。关于非持久性问题，不同方法学采用了不同解决方案，例如，作物生产方法学采用打折的方法。阿尔伯塔排放抵消机制规定了不同项目类型的项目周期，传统项目的项目周期为 8 年，对于长期固碳项目，项目周期由具体方法学做出规定[④]。如保护性作物生产方法学规定项目周期为 20 年[⑤]。

8. 澳大利亚减排基金

在 ERF 项目方面，2011 年 9 月建立的农业减排固碳倡议（CFI）是澳大利亚政府为本国农民、林业工作者及土地所有者制定的碳抵消机制，2014 年 12 月与 ERF 项目合并[⑥]。在 ERF 项目的额外性论证方面，农业减排固碳倡议提出了一个项目类型清单，认为如果

---

① Reserve Offset Program Manual. 2019. https://www.climateactionreserve.org/wp-content/uploads/2019/11/Reserve_Offset_Program_Manual_November_2019.pdf. [2020-09-03]

② Grassland Project Protocol（V2.1）. https://www.climateactionreserve.org/how/protocols/grassland/.[2020-09-03]

③ Alberta Emission Offset System. https://www.alberta.ca/alberta-emission-offset-system.aspx.[2020-09-03]

④ Technical Guidance for the Assessment of Additionality（Version 1.0）. https://open.alberta.ca/publications/technical-guidance-for-the-assessment-of-additionality.[2020-09-03]

⑤ Quantification protocol for conservation cropping（Version 1.0）. https://open.alberta.ca/publications/ 9780778596288. [2020-09-03]

⑥ http://www.cleanenergyregulator.gov.au/Infohub/CFI/Carbon-Farming-Initiative

没有额外的资金支持，这类项目不会作为常规措施一样得到实施。清单中涉及的农业活动类型包括：①土地恢复（没有受保护的土地、湿地的恢复）；②动物粪便发酵收集和利用 CH_4；③野生动物管理，减少其排放；④减少动物肠道发酵 CH_4 排放；⑤在肥料中增加尿酶或硝化抑制剂；⑥增施有机肥。如果是政府出资支持的减排增汇项目，则项目没有额外性。

固定在植被和土壤中的碳可通过人为或自然因素的影响又释放到大气中，从而影响了固碳项目的环境效益。因此，所有固碳项目都必须承担非永久性的风险。CFI 采用三种机制来应对固碳非持久性风险：①方法学核算减排固碳量应该是保守的，并考虑碳储量的周期性变化；②在计算固碳项目的固碳量时，所有固碳项目必须从固碳数量中扣除一定的数量放到缓冲池（5%）[①]；③通过项目实施年限，决定项目控制非持久性减排额扣除比例，如果项目实施 100 年，则认为项目参与方承担了非持久性的风险，如果项目实施周期为 25 年，则项目签发的固碳量数量将扣除 20%，用于抵消项目结束后政府认为的非持久性风险[②]。

9. Plan Vivo

Plan Vivo 与其他标准一样，需要考虑项目非持久性、泄漏、减排固碳的不确定性等，也需要第三方的审定和核证[③]。

10. 欧盟国家的碳交易标准

欧盟国家在二十世纪初开始建立国家碳交易标准，减排标准中主要涉及农林业项目类型。标准规则主要参考了 CDM 的相关要求，额外性是各国减排标准中的主要内容，采用正面项目活动或者技术的标准化方法确定项目的额外性，或者采用常规做法、经济额外性测试和障碍分析方法确定项目的额外性；采用第三方认证项目的合格性和核证项目的减排量；碳汇项目都要求有较长的项目周期，森林项目的周期最短 30 年，湿地保护项目的项目周期一般为 20～50 年等（Cevallos et al., 2019）。

11. 中国核证自愿减排量（CCER）

CCER 要求减排量应基于具体项目，并具备真实性、可测量性和额外性。项目的额外性论证和基准线识别、项目周期、项目的审定和核证程序以及减排量的签发等与 CDM 减排项目的要求完全一致。对于森林和农业碳汇项目没有设立缓冲账户的要求。

不同的标准，其额外性论证、碳汇项目非持久性、减排量计算的不确定性的解决方案不尽相同，但都强调环境的完整性，具体要求见表 1-3。

---

① Risk of reversal buffer. http://www.cleanenergyregulator.gov.au/ERF/Choosing-a-project-type/Opportunities-for- the- land- sector/ Risk-of-reversal-buffer.[2020-09-03]

② Permanence obligations. http://www.cleanenergyregulator.gov.au/ERF/Choosing-a-project-type/Opportunities-for-the-land-sector/ Permanence-obligations.[2020-09-03]

③ https://www.planvivo.org/.[2020-09-03]

1.2.2　减排碳市场项目类型

CDM 项目包括了能源、制造、化工、建筑、交通运输、采矿/矿产、金属生产、燃料逃逸排放、碳卤化合物和六氟化硫的生产和消费产生的逃逸排放、溶剂使用、废物处理与处置、农业、林业和其他土地利用。JI 项目类型只包括发达国家年度温室气体排放清单涵盖的行业。VCS 接受的减排项目类型是在 CDM 的基础上增加了林业管理和土地利用，包括了土壤固碳和避免生态系统转化等项目类型[①]，GS 的合格项目类型与 CDM 一致[②]，ACR 则是在 CDM 项目类型的基础上增加了改善森林管理(IFM)、避免草地和灌木丛转变为农田、放牧草地管理、湿地恢复、碳捕集与封存，但不接受 REDD(减少森林砍伐和森林退化造成的排放)+、利用生命周期核算的间接温室气体减排等项目[③]。气候行动储备没有对合格项目类型做出具体规定，但在项目手册中明确表示只能对利用 CAR 理事会批准的方法学开发的项目进行注册[④]。目前 CAR 开发的方法学包括改善森林管理、草地管理、家畜管理、氮肥管理、水稻种植、有机废弃物堆肥与厌氧处理、城市森林植树与管理、避免煤矿开采 CH_4 逃逸、提高锅炉效率、垃圾填埋、臭氧层耗竭物质替代和己二酸生产，土壤固碳方法学正在开发中[⑤]。澳大利亚减排基金合格项目类型包括煤矿开采瓦斯收集与销毁、交通、提高能效、垃圾填埋和农业废弃物处理、有机废弃物处理、废除厌氧处理沼气收集与燃烧、土壤碳汇、家畜管理、造林和再造林等[⑥]。Plan Vivo 标准主要是为小农户和社区项目提供认证服务，该标准的合格的项目类型包括造林/再造林、改善森林管理、REDD 和农田草地管理（表 1-4）。

自愿减排碳市场中欧洲项目很少，主要原因是欧洲国家是全经济领域的减排目标，如果某一项目进入了自愿减排市场，自愿减排市场要求东道国取消等量的排放配额，以避免重复计算减排量。但在过去的 10 年中，欧洲多个国家建立了国内自愿减排碳市场标准。截至 2020 年 6 月 30 日，欧洲有 8 个正在运行的由政府管理或者由政府支持的事业单位管理的碳市场（表 1-5）。一个由私营部门管理的北欧区域碳市场（Puro.earth，Pu）[⑦]，正在筹建的两个市场为荷兰的 Green Deal（GD）[⑧]和西班牙的 Valvocar（Vc）[⑨]。各个市场的

---

① VCS Sectoral Scopes.https://verra.org/project/vcs-program/projects-and-jnr-programs/vcs-sectoral-scopes/.[2020-09-05]

② List of Sectoral Scopes- Appendix A: Competence Criteria For An Ae/Doe Under CDM. https://www. goldstandard. org/sites/default/files/scopelst.pdf.[2020-09-05]

③ The American Carbon Registry Standard. https://americancarbonregistry.org/ carbon-accounting/standards-methodologies/ american-carbon-registry-standard/acr-standard-v6_final_july-01-2019.pdf.[2020-09-05]

④ Climate Action Reserve:Reserve Offset Program Manual. http://www.climateactionreserve. org/how/program/program-manual/.[2020-09-05]

⑤ Climate Action Reserve: Protocols. http://www.climateactionreserve.org/how/protocols/.[2020-09-05]

⑥ Australian Government Clean Energy Regulator.http://www.cleanenergyregulator.gov.au/ERF/Choosing-a-project-type. [2020-09-05]

⑦ Puro. earth. https://puro.earth/#section-challenge.[2020-09-05]

⑧ Stichting Nationale Koolstofmarkt . https://nationale$CO2$markt.nl/.[2020-09-05]

⑨ EIT.https://spain.climate-kic.org/news/valvorcar-creara-el-primer-mercado-voluntario-de-carbono-de-la-comunidad-valenciana/.[2020-09-05]

合格项目类型和签发的减排量见表 1-5。欧洲国家的自愿减排碳市场的项目类型主要是农林业和土地利用方面。包括农业活动标准的有奥地利的 Oek oregion Kaindorf(OK)[①]、法国的 Label Bas Carbone(LBC)[②]、荷兰的 Green Deal、西班牙的 Valvocar(Vc)及 Puro.earth(Pu)。

表 1-3 不同标准对农业碳汇项目的特殊要求

标准	额外性论证	"缓冲"账户比例	最短项目周期/年	事先签发	事后签发	协同效应	不确定性折扣
VCS	CDM	10%～60%	30		X	环境	
GS	CDM 或者行业标准化基线	20%	30	X		环境、社会经济	
ACR	法律法规的要求；项目具有创新性；至少克服机制、资金和技术障碍中的一种	10%～60%	40		X		90%置信区间误差不能超过10%
CAR	法律法规测试和绩效测试(排放量阈值和技术推广度阈值)	10%	签发之后监测100年		X	环境	
ERF	正面清单	5%	25		X		
AEOS	法律法规测试、技术推广率	7.5%～20%(折扣系数)	保护性耕作方法学为20年		X		
MoorFutures[a]	经济额外性测试	30%	30～50	X		生态系统服务功能	
UK Peatland Code	法律法规测试，经济额外性测试	15%	30	X			10%
Max.moor	经济额外性测试	30%	30～50	X		生态系统服务功能	
LABEL BAS CARBONE	法律法规测试，经济额外性测试	10%～20%	5		X	生物多样性、社会经济、土壤	
CARBOMARK	经济额外性测试(生物炭)	5%～14%	30～100		X	—	2.5%～5%
PURO.earth	—	—	>50	第四次核证及其之后	前三次核证	—	
Plan Vivo	法律法规测试，经济额外性测试	10%～50%(依据风险等级)	10～50	新建项目	已建成项目	环境、社会经济	考虑不确定性
CCER	CDM		20		X	X	

a. Der MoorFutures-Standard. https://www.moorfutures.de/konzept/moorfutures-standard/.[2020-09-05]

---

① Oekoregion Kaindorf. https://www.oekoregion-kaindorf.at/index.php?id=167.[2020-09-05]

② Label Bas-Carbone: Récompenser les acteurs de la lutte contre le changement climatique. https://www. ecologique-solidaire.gouv.fr/label-bas-carbone.[2020-09-05]

表 1-4　主要自愿碳市场的合格项目类型及项目开发情况

标准	启动时间	适用区域	VV	合格项目类型	注册项目数量/个	签发减排量项目总数/个	累计签发减排量/(Mt CO2eq)	强制减排 Buffer 账户中的碳汇量/Mt CO2eq	自愿减排 Buffer 账户中的碳汇量/Mt CO2eq
CDM	2006	全球	第三方	能源、能量分配、能源需求、制造、化工、建筑、交通运输、采矿/矿产、金属生产、燃料的逃逸排放、碳卤化合物的生产和消费产生的逃逸排放、溶剂使用、农业、林业和其他土地利用	8717	3324	208048	—	—
JI	2006	全球	第三方	与发达国家清单范围有关					
VCS	2006	全球	第三方	能源、能量分配、能源需求、制造、化工、建筑、交通运输、采矿/矿产、金属生产、燃料的逃逸排放、碳卤化合物和六氟化硫的生产和消费产生的逃逸排放、溶剂使用、废物处理与处置、农业和其他土地利用、畜牧管理	1603	1261	409.01	—	—
GS	2003	全球	第三方	与 CDM 相同，包括 15 个行业	901	890	138.7	3.6	—
ACR	1996	全球	第三方	与 CDM 项目类型相比，增加了改善森林管理（IFM）、避免草地和灌木丛转变为农田、放牧草地管理、湿地恢复、碳捕集与封存	385	289	174.7	17.6	1.4
CAR	2005	国家	第三方	改善森林管理、草地管理、家畜管理、氮肥管理、水稻种植、有机废弃物堆肥与厌氧处理、城市森林植树与管理、避免煤矿开采甲烷逃逸、臭氧层耗竭物质替代和己二酸生产	628	490	152.3	1.8	0.2
ERF	2011	国家	审计	避免排放的项目和碳汇项目	985	489	78.0	—	—
AEOR	2002	省级	第三方	家畜饲料管理、氮肥管理、保护性耕作、堆肥、垃圾填埋、碳捕集与封存、分布式可再生能源发电（风能、太阳能、生物质能）、能源效率	278		58.9	—	—
Plan Vivo 基金		全球	第三方	造林/再造林、改善森林管理、REDD 和农田草地管理	19		3.7	—	—
CCER	2012	国家	第三方	与 CDM 相同，包括 15 个行业	1047	293	52.1	—	—

表 1-5　欧洲自愿碳市场的合格项目类型及项目开发情况

国家	碳市场名称	启动年份	区域	行业	合格活动
德国	MoorFutures (MF)[a]	2011	地方	林业和土地利用	湿地恢复
英国	Woodland Carbon Code (WCC)[b]	2011	国家	林业和土地利用	造林再造林
	Peatland Code (PC)[c]	2015	国家	林业和土地利用	湿地恢复
奥地利	Climate Austria (CA)[d]	2008	地方	可再生能源、交通	生物质能、太阳能
	Oekoregion Kaindorf (OK)[e]	2007	地方	农业	农业土壤碳
西班牙	Registro de huella de carbono (RHC)[f]	2014	国家	林业和土地利用	造林再造林、森林火灾退化地区的森林恢复
	Valvocar (Vc)	正在筹建	地方	林业和土地利用	—
法国	Label Bas Carbone (LBC)[g]	2019	国家	林业和土地利用、农业	造林、退化林地恢复、改善家畜管理
瑞士	Max.Moor (Mx)	2015～2020	国家	林业和土地利用	湿地恢复
荷兰	Green Deal (GD)[h]	正在筹建	国家	林业、土地利用和可再生能源	湿地管理 公共建筑供暖天然气替代
芬兰、比利时和瑞典	Puro.earth (Pu)[i]	2019	北欧	农业 建筑	生物炭 木材建筑

a.MoorFutures. https://www.moorfutures.de/.[2020-09-06]

b.UK Woodland Carbon Code.https://www.woodlandcarboncode.org.uk/.[2020-09-06]

c.National Committee United Kingdom: Peatland Programme. http://www.iucn-uk-peatlandprogramme.org/peatland-code.[2020-09-06]

d.Climate Austria. https://www.climateaustria.at/eng/CO2offsetting.html.[2020-09-06]

e.Oekoregion Kaindorf. https://www.oekoregion-kaindorf.at/index.php?id=167.[2020-09-05]

f.Ministerio para la Transición Ecológica Espana. https://www.miteco.gob.es/es/cambio-climatico/temas/mitigacion-politicas-y-medidas/que_es_Registro.aspx.[2020-09-06]

g.Label Bas-Carbone: récompenser les acteurs de la lutte contre le changement climatique. https://www.ecologique-solidaire.gouv.fr/label-bas-carbone.[2020-09-05]

h.Stichting Nationale Koolstofmarkt . https://nationaleCO2markt.nl/.[2020-09-05]

i.Puro. earth. https://puro.earth/#section-challenge.[2020-09-06]

1.2.3　全球碳市场签发的减排量

CDM 签发的减排量最大，截至 2020 年 9 月，签发的减排量达 20.8 亿 t CO_2eq。除 CDM 之外，其他基于项目的碳市场签发减排量较小，远远低于 CDM 碳市场。除 CDM 之外的基于项目减排碳市场，减排交易量、交易额和价格较高的时期为 2008～2012 年，在此期间，年均交易量超过 1 亿 t CO_2eq、年均交易额超过 5.7 亿美元，平均价格为 6.37 美元/t CO_2eq。2013 年后，无论是减排交易量、交易额和价格都呈现明显的下降趋势（图 1-2）。总体来看，自愿减排交易以企业社会责任和个人觉悟作为主体前提，在缺乏总量限排激励的情况下，市场需求十分有限。要建立真正的碳交易市场，必须实行基于温室气体排放总量控制的碳排放权交易。《巴黎协定》生效后，气候政策必然要求各国从自愿减排向强制减排转变，但由于自愿减排项目形式更加多样、灵活，从申请、审核、签发到交易所需时间相对较短，成本较低，因此自愿减排市场将会成为今后企业或个人参与缓解气候变化行动的一个重要途径。农林业活动具有很大的减排固碳潜力，在所有的自愿减排碳市场中几乎都包括了农林业减排固碳项目。

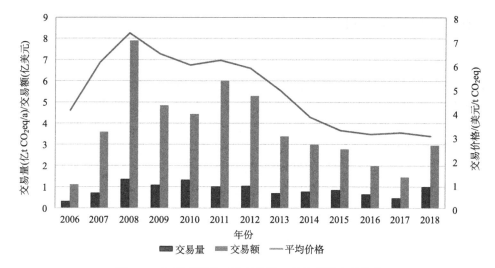

图 1-2　自愿减排碳市场交易量、交易额及交易价格

　　VCS 目前在自愿减排碳市场中占有的份额最大，截至 2020 年 6 月 30 日，已经注册来自全球 70 多个国家的 1603 个项目，签发的减排量为 409Mt CO_2eq，出售的减排量为 270Mt CO_2eq[①]。ACR 在自愿减排市场中占有的份额仅次于 VCS，注册项目数量为 385 个，累计签发减排量为 175Mt CO_2eq，其中签发到强制性减排市场的减排量为 122Mt CO_2eq，签发到自愿减排市场的减排量为 53Mt CO_2eq，储存在 Buffer 账户中的碳汇量为 19Mt CO_2eq[②]。CAR 在自愿减排市场中签发减排量第三，注册项目数量为 625 个，累计签发减排量为 152 Mt CO_2eq，其中签发到强制性减排市场的减排量为 92Mt CO_2eq，签发到自愿减排市场的减排量为 61Mt CO_2eq，储存在 Buffer 账户中的碳汇量为 2Mt CO_2eq[③]。GS 在自愿减排市场中占有较大的份额，截至 2020 年 7 月 31 日，已经注册 911 个项目，签发的减排量为 140Mt CO_2eq，其中签发到强制性减排市场的减排量为 22Mt CO_2eq，签发到自愿减排市场的减排量为 117Mt CO_2eq[④]。自 2015 年以来的所有逆向拍卖，澳大利亚政府已经签订 475 个减排项目，预计减排量为 193Mt CO_2，总出资 25.5 亿澳元，支付率为 90%，减排量的平均价格为 12.06 澳元/t CO_2eq[⑤]。阿尔伯塔排放抵消机制签发的减

① VCS Sectoral Scopes.https://verra.org/project/vcs-program/projects-and-jnr-programs/vcs-sectoral-scopes/.[2020-09-05]

② American Carbon Registry. https://americancarbonregistry.org/ carbon-accounting/standards-methodologies/american-carbon-registry-standard/acr-standard-v6_final_july-01-2019.pdf. [2020-08-26]

③ Climate Action Reserve（2001-2021）.https://www.climateactionreserve.org/how/protocols/grassland/.[2020-08-26]

④ Gold Standard for the Global Goals.https://globalgoals.goldstandard.org.[2020-08-26]

⑤ Australian Government Clean Energy Regulator. http://www.cleanenergyregulator.gov.au.[2020-08-26]

排量为 59Mt CO_2eq[①]。Plan Vivo 项目减排量仅为 3.72Mt CO_2eq[②]，其中注册的造林和再造林项目 8 个，签发的碳汇签发量为 162 万 t CO_2eq，改善森林管理注册 6 个项目，签发的碳汇量为 102 万 t CO_2eq；注册 REDD 项目 4 个，签发的减排量为 52 万 t CO_2eq；注册草地管理项目 1 个，签发的碳汇量为 4 万 t CO_2eq。

1.2.4　农业项目方法学和项目开发

1. CDM

方法学是科学、准确评价减排效果，保证项目之间的可比性、真实性的基础。在所有减排机制中，CDM 开发的方法学类型最多。截至 2020 年 6 月 30 日，《联合国气候变化框架公约》清洁发展机制方法学委员会共批准了 219 个方法学，农业领域正在使用的方法学有 14 个，包括畜禽废弃物处理方法学 8 个、生物质发电并网/供热 1 个（AMS-III.E.）、奶牛饲料管理 1 个（AMS-III.BK.）、农田管理 3 个（AMS-III.A.、AMS-III.AU. 和 AMS-III.BF.）、减少秸秆田间焚烧 1 个（AMS-III.BE.）（表 1-6）。

表 1-6　CDM 农业减排方法学、注册的项目及签发的减排量

项目类型	方法学编号	方法学名称	注册的项目个数	签发的项目个数	签发的减排量/（万 t CO_2eq）
	AM0073	集中处理多养殖场粪便温室气体减排方法学	2	0	0
	ACM0010	粪便管理系统温室气体减排	9	2	48
	AM0006（2007年整合为ACM0010）	粪便管理系统温室气体减排	11	8	533
粪便管理	AM0016（2007年整合为ACM0010）	通过改变集约化养殖的动物粪便管理系统减少温室气体排放	40	39	527
	AMS-III.F.	堆肥避免甲烷排放	3	0	0
	AMS-III.H.	废水处理甲烷回收	1	0	0
	AMS-III.AO.	厌氧发酵甲烷回收	1	0	0
	AMS-III.R.	家庭或小农场的甲烷回收	41	12	561
	AMS-III.D.	粪便管理系统的甲烷回收	205	58	477
	AMS-III.Y.	污水或粪便处理固液分离过程的甲烷减排项目	0	0	0
动物管理	AMS-III.BK.	小农场奶牛饲料添加提高生产力	0	0	0
农田管理	AMS-III.A.	现有农田酸性土壤中通过大豆–草的循环种植中通过接种菌的使用减少化肥的使用	0	0	0
	AMS-III.AU.	通过调整水稻种植过程中的水分管理减少甲烷的排放	0	0	0
	AMS-III.BF.	通过利用氮肥需求量低的品种减少 N_2O 排放	0	0	0

---

① Alberta Emission Offset System. https://www.alberta.ca/alberta-emission-offset-system.aspx.[2020-08-26]

② Plan Vivo. https://www.planvivo.org/.[2020-08-26]

续表

项目类型	方法学编号	方法学名称	注册的项目个数	签发的项目个数	签发的减排量/(万 t CO₂eq)
秸秆管理	AMS-III.BE.	利用覆盖避免甘蔗收获前田间燃烧，减少甲烷和 N_2O 排放	0	0	0
生物质能源	AMS-III.E.	通过控制燃烧、气化或热处理避免生物质腐烂甲烷排放	8	5	109

　　农业领域注册项目最多的方法学为 AMS-III.D.，全球共注册了 205 个项目，其中 58 个项目得到签发，签发减排总量为 477 万 t CO_2eq，其次为 AMS-III.R.，全球共注册 41 个项目，其中 12 个项目得到签发，签发减排总量为 561 万 t CO_2eq，AM0016 和 AM0006 在被整合为 ACM0010 之前，注册项目数量分别为 40 个和 11 个，获得签发的项目数量分别为 39 个和 8 个，签发总量分别为 527 万 t CO_2eq 和 533 万 t CO_2eq。整合后的方法学 ACM0010 注册项目为 9 个，只有 2 个项目获得签发，签发总量为 48 万 t CO_2eq。适合我国畜禽废弃物整县制推进处理与利用的方法学(AM0073)，共注册 2 个项目，但均未能获得减排量签发。粪便管理项目签发的温室气体减排量占农业项目的 95%。农业生物质能源项目注册数量为 8 个，其中 5 个获得减排量签发，签发的总量为 109 万 t CO_2eq，占减排总量的 5%。农田管理和秸秆管理下的 4 个方法学均无注册项目(表 1-6)。

　　截至 2020 年 6 月 30 日，中国在《联合国气候变化框架公约》清洁发展机制下注册的农业项目 58 个，其中户用沼气 CDM 项目 29 个，户用沼气规划类项目 5 个，规模化养殖场 CDM 项目 15 个，规模化养殖场规划类项目 9 个。签发的农业项目 12 个，其中户用沼气 CDM 项目 8 个，户用沼气规划类(Programme of Activity, PoA)项目 1 个，规模化养殖场 CDM 项目 3 个。共出售减排量 589.0 万吨 CO_2eq，其中，四川户用沼气 PoA 项目签发减排量为 429.9 万 t CO_2eq，为签发量最大的 PoA 项目。湖北恩施州农村户用沼气池项目交易减排量为 33.4 万 t CO_2eq，山东民和鸡场粪便沼气发电交易减排量为 42.1 万 t CO_2eq，为国内签发量最大的两个农业 CDM 项目(表 1-7)。

表 1-7　中国农业 CDM 项目签发量

项目名称	签发量比例/%
山东民和规模化鸡场	7.1
北京德青源规模化鸡场	1.1
云南闵洪规模化猪场	1.5
湖北恩施户用沼气	5.7
四川户用沼气 PoA	73.0
贵州开远户用沼气	1.9
贵州松涛户用沼气	1.7
贵州德江户用沼气	1.9

续表

项目名称	签发量比例/%
贵州思南户用沼气	1.9
贵州清镇户用沼气	1.7
贵州武当户用沼气	0.8
贵州西风户用沼气	1.8

2. 联合履约

JI 大多数项目都是通过国家自己创建的 JI 项目审批程序审批项目,通过这个程序注册的项目数为 597 项,其中农业项目 5 个(粪便处理沼气利用项目 3 个,氮肥管理项目 2 个)。通过联合履约监督委员会(JISC)负责项目审批、第三方审定机构认证、JISC 签发减排量负责注册项目数为 51 项,签发的减排量只占签发减排总量的 2%。

3. 核证碳标准

VCS 可以使用 CDM 的方法学,92.7%的注册项目采用了 CDM 方法学。利用 VCS 方法学开发的项目数量为 120 个,其中防止毁林的项目 94 个。VCS 开发了 8 个与农业相关的方法学,但截至 2020 年 08 月 01 日,成功注册的农业项目只有 2 个,1 个项目签发了减排量,签发量为 32.6 万 t CO_2eq,销售的减排量为 11.2 万 t CO_2eq(表 1-8)[1][2]。

表 1-8 VCS 开发的农业减排方法学、注册的项目及签发的减排量

项目类型	方法学编号	方法学名称	注册的项目数量	累计签发量 /(t CO_2eq)	累计销售量 /(t CO_2eq)
粪便管理	AMS-III.D	粪便管理系统的甲烷回收(V21.0)	29	4315564	4243642
	AMS-III.F	堆肥避免甲烷排放(V12.0)	4	135093	26878
	AMS-III.Y	污水或粪便处理固液分离过程的甲烷减排项目(V4.0)	6	181894	112655
	VMR0003	CDM 方法学 AMS-III.Y 的修订版(包括有机物垫料)	0	0	0
家畜管理	VM0041	通过完全采用天然饲料减少反刍动物肠道甲烷排放方法学	0	0	0
农田、草地管理	VM0017	可持续农业土地管理	1	325825	111590
	VM0021	土壤有机碳核算方法学	0	0	0
	VM0022	农田减量施肥 N_2O 减排方法学	0	0	0
	VM0009	避免生态系统转换方法学	0	0	0
	VM0026	可持续草地管理方法学(SGM)	0	0	0
	VM0032	可持续草地火烧和放牧管理方法学	1	0	0

---

① Verified Carbon Standard: Methodologies. https://verra.org/methodologies/.[2020-08-26]

② Verified Carbon Standard: Project and Credit Summary. https://registry.verra.org/app/search/VCS.[2020-08-26]

4. 黄金标准

GS 也开发了自己的方法学[①]，在农业领域开发了使用饲料添加剂减少奶牛肠道发酵 CH_4 排放、小农户奶业减排和通过改善耕作方式增加土壤有机碳含量 3 个方法学和相应的计算模块。但还没有项目利用这三个方法学在 GS 获得注册。目前在 GS 中注册的农业减排项目所采用的方法学均来源于 CDM，农业项目类型包括粪便处理产生沼气发电或供热。GS 标准注册的项目、碳信用签发量和销售量见表 1-9。

表 1-9　GS 标准注册的农业项目、碳信用签发量和销售量

项目类型	签发项目数量/个	签发量/(t CO_2eq)	出售减排量项目数量/个	销售量/(t CO_2eq)	出售比例/%	中国出售减排项目数量/个	中国销售量/(t CO_2eq)	中国出售量占所有出售量的比例/%
沼气热电联产	5	250 613	5	49 209	19.6	0	0	0.0
沼气发电	11	2818292	9	2277120	80.8	1	107020	4.7
沼气供热	32	6790839	28	3924675	57.8	5	162472	4.1
生物质能源	14	2958294	13	1500964	50.7	3	232760	15.5

数据来源：根据 GS 项目数据库整理，截止日期：2020-06-30

5. 美国碳注册系统

ACR 批准的农业项目方法学有 7 个：水稻种植系统、氮肥管理、避免草地和灌木林转变为农田、草地使用堆肥、草地和牲畜管理等 6 个方法学，以及应用 CDM 的方法学 1 个[粪便管理甲烷回收方法学(AMS-III.D.)][②]。截至 2020 年 7 月 10 日，注册的农业项目为 25 个，其中粪便管理甲烷回收项目 20 个，签发的减排总量为 1442485t CO_2eq，避免草地和灌木林地转化项目 1 个，签发的减排量为 76621 t CO_2eq，其余 4 个签发减排量的项目其减排量很小，只有 669 t CO_2eq[③]（表 1-10）。

表 1-10　ACR 方法学和项目开发情况

方法学名称	注册项目数量/个	签发的减排量/(t CO_2eq)
避免草地和灌木林转换为农田方法学	1	76621
放牧草地和家畜管理	0	0
放牧草地施用堆肥方法学	0	0
动物粪便管理系统(AMS-III.D.)甲烷回收方法学	20	1442485
水稻种植管理自愿减排方法学	2	597
农作物减量施肥减排方法学	1	2
改变肥料管理方法学	1	70

① Gold Standard for the Global Goal. https://www.goldstandard.org/project-developers/standard-documents.[2020-08-26]

② American Carbon Registry: Approved methodologies. https://americancarbonregistry.org/carbon-accounting/standards-methodologies.[2020-08-26]

③ American Carbon Registry: Project Credits Issued. https://acr2.apx.com/myModule/rpt/myrpt.asp?r=112.[2020-08-26]

6. 气候行动储备

气候行动储备计划开发的与农业相关的方法学主要包括草地管理、增加土壤碳、氮肥管理、水稻种植、粪便管理、有机废弃物处理等方法学，签发减排量的项目类型包括粪便厌氧发酵甲烷收集、有机废弃物堆肥和发酵处理及草地管理[①]（表 1-11）。

表 1-11 CAR 方法学项目开发情况

方法学名称	注册项目数量/个	签发的减排量/(t CO₂eq)
草地管理方法学	9	112129
加拿大草地项目方法学	0	0
提升土壤有机碳方法学(正在征求意见)	0	0
美国粪便厌氧发酵甲烷收集方法学	136	7283926
墨西哥家畜项目方法学	1	575
有机废弃物堆肥项目方法学	5	643692
有机废弃物发酵项目方法学	2	145628
氮肥管理项目方法	0	0
水稻种植项目方法学	0	0

7. 阿尔伯塔排放抵消系统

截至 2020 年 7 月 10 日，AEOS 合格项目类型包括农业(粪便管理、家畜管理、保护性耕作、氮肥管理)、可再生能源、废弃物处理等[②]（表 1-12）。

表 1-12 阿尔伯塔排放抵消系统方法学及开发项目情况 [a]

类别	序号	方法学	项目数量	减排量/(t CO₂eq)
家畜管理	1	减少肉牛饲喂人工饲料天数减少温室气体排放(已被减少牛的温室气体减排替代)	1	63146
	2	减少牛的温室气体减排(饲料和粪便管理)	2	29026
	3	利用基因标记提高饲料转化率	1	0
粪便管理	4	好氧堆肥项目	5	1294840
	5	废水厌氧处理项目(flagged protocol)	2	1106119
	6	农业废弃物厌氧分解(flagged protocol)	3	113652
肥料管理	7	农业 N₂O 减排	9	0
耕作	8	耕作系统管理(已被保护性作物生产替代)	75	11038581
	9	保护性作物生产	47	5175051
可再生能源	10	生物燃料生产和利用	3	247668

a.Alberta Carbon Registries: Quantification protocols. https://www.alberta.ca/alberta-emission-offset-system.aspx#toc-2. [2020-08-26]

[①] Project Offset Credits Issued. https://thereserve2.apx.com/myModule/rpt/myrpt.asp?r=112.[2020-08-26]

[②] Alberta Carbon Registries. https://www.csaregistries.ca/albertacarbonregistries/eor_about.cfm.[2020-08-26]

8. 澳大利亚减排基金

ERF 开发了 37 个方法学，涉及废弃物管理、植被管理、运输、采矿、石油开采和天然气开采、能源效率、农业、热带稀疏草原管理等 7 个领域。目前正在使用的农业方法学有 7 个，包括农业土壤有机碳 2 个，减少氮肥利用 1 个，饲料添加剂 2 个，肉牛管理 1 个，动物粪便管理 1 个（表 1-13）。

表 1-13　CFI 农业方法学、开发项目和签发的减排量 [a]

方法学类型	方法学名称	注册的项目数量	签发减排量的项目数量	签发的减排量/(t CO$_2$eq)
土壤有机碳	农业系统土壤固碳监测系统	11	0	0
	利用默认值核算土壤固碳	0	0	0
	放牧系统土壤固碳(失效)	46	1	1904
氮肥管理	灌溉棉田肥料管理温室气体减排	0	0	0
家畜管理	奶牛饲料添加剂温室气体减排	0	0	0
	肉牛饲料氮素添加温室气体减排	0	0	0
	肉牛管理	7	2	176716
粪便管理	动物液体粪便管理	16	10	676765
	总计	80	13	855385

a.Australian Government: Emissions Reduction Fund project register. http://www.cleanenergyregulator.gov.au/ERF/project-and-contracts-registers/project-register.[2020-08-26]

9. 中国自愿减排减排碳市场

2012 年 6 月 18 日，国家发展改革委印发了《温室气体自愿减排交易管理暂行办法》，对自愿减排项目、减排量、方法学、交易平台和第三方审定核证机构等实施备案管理，促进自愿交易市场公开、公正和公平，引导和鼓励企业参与自愿减排交易。随后又出台了《温室气体自愿减排交易审定与核证指南》，组织专家对现有 CDM 方法学进行梳理、翻译与转化。我国科学家自主开发的方法学主要针对国内减排固碳潜力较大的动物饲养、畜禽粪便堆肥、沼气提纯、保护性耕作、可持续草地管理等 5 个方法学。目前的自愿减排方法学，除肥料管理之外基本覆盖了农业减排的各个领域，详见表 1-14。

表 1-14　中国自愿减排方法学

序号	项目类型	CCER 方法学编号	中文名	开发单位
1		CMS-017-V01	在水稻栽培中通过调整供水管理实践来实现减少甲烷的排放	CDM
2	农田管理	CMS-066-V01	农田酸性土壤中通过大豆-草的循环种植中接种菌的使用减少化肥的使用	CDM
3		CMS-083-V01	保护性耕作减排增汇项目方法学	中国农业科学院农业环境与可持续发展研究所
4	草地管理	AR-CM-004-V01	可持续草地管理温室气体减排计量与监测方法学	中国农业科学院农业环境与可持续发展研究所
5		CMS-021-V01	动物粪便管理系统甲烷回收	CDM
6		CMS-026-V01	家庭或小农场农业活动甲烷回收	中国农业科学院农业环境与可持续发展研究所
7		CM-086-V01	通过将多个地点的粪便收集后进行集中处理减排温室气体	CDM
8	废弃物管理	CM-090-V01	粪便管理系统中的温室气体减排	CDM
9		CMS-075-V01	通过堆肥避免甲烷排放	CDM
10		CMS-074-V01	从污水或粪便处理系统中分离固体，避免甲烷排放	CDM
11		CMS-076-V01	废水处理中的甲烷回收	CDM
12		CMS-082-V01	畜禽粪便堆肥管理减排项目方法学	中国农业科学院农业环境与可持续发展研究所
13	牲畜管理	CMS-081-V01	反刍动物减排项目方法学	中国农业科学院农业环境与可持续发展研究所
14		CMS-036-V01	使用可再生能源进行农村社区电气化	CDM
15		CM-075-V01	生物质废弃物热电联产项目	CDM
16		CM-076-V01	应用来自新建的专门种植园的生物质进行并网发电	CDM
17	可再生能源	CM-095-V01	以家庭或机构为对象的生物质炉具和/或加热器的发放	CDM
18		CMS-063-V01	家庭/小型用户应用沼气/生物质产热	CDM
19		CMS-028-V01	户用太阳能灶	CDM
20		CM-107-V01	利用粪便管理系统产生的沼气制取并利用生物天然气温室气体减排方法学	中创碳投公司
21	提高能效	CMS-009-V01	针对农业设施与活动的提高能效和燃料转换措施	CDM

截至 2016 年 12 月 25 日，在国家发改委备案自愿减排项目共 1047 个[①]，其中农业项目 167 个（户用沼气项目 119 个，生物质发电供热项目 47 个，1 个养殖场沼气项目）。截至 2016 年 7 月 26 日，备案减排量的项目数量为 254 个，其中户用沼气项目为 42 个，备案的减排量为 775.8 万 t CO_2eq；生物质发电项目为 14 个，备案的减排量为 244.0 万 t CO_2eq。

---

① 中国自愿减排交易信息平台. http://cdm.ccchina.org.cn/zyDetail.aspx?newsId=65284&TId=160.[2020-08-26]

综上而言，签发减排量最大的农业项目类型为动物粪便管理。针对分散的温室气体排放源，如反刍动物、稻田 CH_4 排放和农田 N_2O 排放，虽然多个自愿减排标准都开发了相应的方法学，但由于排放源分散、温室气体减排难以监测，成功注册和签发减排量的项目很少（表 1-15）。GS 开发了避免秸秆田间焚烧温室气体排放，却尚未成功注册任何减排项目；CAR 开发了农业有机废弃物（不包括粪便）的堆肥和厌氧发酵减排方法学，成功注册项目也只有 7 个。目前我国正在推动生态文明建设和农业绿色发展，动物粪便管理、农田管理、有机废弃物处理、生物质能源等都具有巨大的减排固碳潜力，亟需探讨促进农业减排固碳的激励机制。

表 1-15　包括农业项目类型的自愿减排标准方法学和项目情况

自愿碳市场	动物粪便管理	家畜管理	农田 N_2O 减排	稻田甲烷减排	农田土壤碳汇	草地土壤碳汇	有机废弃物处理	生物质能源
VCS	CDM(42)	S(0)	S(0)	——	S(0)	S(1)		
GS	CDM(135)	S(0)	——	CDM(0)	S(0)	——	——	CDM(14)
ACR	CDM(20)	——	S(2)	S(2)	——	S(1)	——	——
CAR	S(136)	——	S(2)	S(0)	S(0)	S(9)	S(7)	——
AEOS	S(2)	S(4)	S(9)	——	S(122)	——	S(10)	S(3)
ERF	S(16)	S(7)	S(0)	——	S(11)	S(1)	——	——
Oregion Kaindorf (OK)					S(1)			
Label Bas Carbone (LBC)		S(0)				S(0)		
Plan Vivo						S(1)		
CCER	CDM(119)	S(0)	CDM(0)	CDM(0)	S(0)	S(0)	——	CDM(56)

注：CDM 表示清洁发展机制相关方法学；S 表示其他机构批准的方法学；括号中表示项目注册数量；——表示该机制下的相关方法学和项目

1.3　农业项目参与碳市场的挑战与机遇

1.3.1　农业项目参与碳市场面临的挑战

农业领域主要排放源包括动物肠道发酵 CH_4 排放、粪便管理 CH_4 和 N_2O 排放、稻田 CH_4 排放、农田施肥造成的 N_2O 排放、秸秆田间燃烧造成的 CH_4 和 N_2O 排放。中国 2014 年农业温室气体排放总量为 8.3 亿 t CO_2eq（图 1-3），针对这些排放源，目前已有成熟的减排技术且证明潜力巨大，特别是改善农田和草地土壤，增加土壤碳汇潜力巨大（Bronson et al., 2017）。主要的自愿减排交易系统如美国碳注册系统、气候行动储备计划和核证碳标准都包括了改善农业措施增加土壤碳汇、肥料管理减少 N_2O 排放、草地管理、粪便管理、家畜管理、避免草地转化等活动，几乎覆盖了农业主要排放源的所有减排技术。除粪便管理项目类型外，其他农业减排项目在自愿减排市场中所占份额都很低（表 1-14）。农业减排固碳参与碳市场面临的挑战具体分析如下：

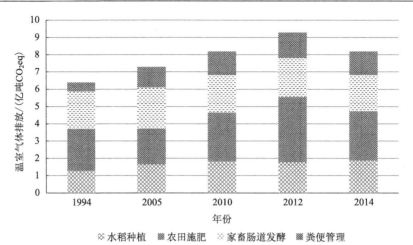

图 1-3　中国农业温室气体排放趋势

1. 碳市场需求量少

国际上强制性减排力度低，导致对自愿减排市场的需求低，特别是美国退出《京都议定书》和《巴黎协定》、发达国家在《京都议定书》第二承诺期的减排力度低以及第二承诺期一直未能够生效实施导致了 CDM 碳市场在 2012 年后崩塌，影响了减排企业对自愿减排市场的需求。2012 年之后，自愿减排市场的交易量、交易额和交易价格都明显降低(图 1-2)。自愿减排碳市场减排量签发较多的项目类型，在点源或者项目位置相对集中，且减排效果易监测和识别的提高能效、可再生能源、工业生产过程、造林和再造林等项目，农业领域的项目则主要是动物粪便管理 CH_4 回收与利用。在市场需求量小的情况下，开发商优先选择开发难度小、有成功先例的项目类型。

2. 监测、核证难度大

除了规模化养殖场粪便处理减排项目，其他农业减排项目涉及千家万户，排放源地理位置相对分散，基线确定、减排量测量、项目审定和核证难度大，也是此类项目吸引力差的原因。例如，农田管理减少 CH_4 和 N_2O 排放、饲料管理减少动物肠道发酵 CH_4 排放、农田和草地管理增加土壤碳汇等，这些排放源的温室气体减排难以测量，以合理的成本进行直接测量几乎不可能。通过水分管理减少稻田 CH_4 项目，如果通过实测方法获得减排量，需要同时监测基线情景和项目活动下的稻田温室气体排放，需要高精密的监测仪器并需要有专业技术的专家监测，耗费大量人力；监测管理措施并利用联合国政府间气候变化专门委员会(IPCC)推荐的方法计算减排量，则需要调研基准情景下稻田的水肥管理方式，包括水稻生育期内的农田水分状况(淹灌、一次性晒田、间歇灌溉、湿润灌溉)，移栽前稻田水分状况，施用有机肥类型和施用量，是否有秸秆还田和种植绿肥，是否施用缓释肥和添加硝化抑制的肥料等信息。养分管理减少农田 N_2O 排放项目需要调查基线情景和监测项目活动下施用化肥类型、肥料氮素含量、施肥方式，有机肥用量、有机肥含氮量和有机肥施用方式，秸秆还田量和秸秆的含氮率等信息。分散式排放源的监测参数的数量和监测难度远远超过点源排放源的监测。例如，规模化养殖场粪便处理项目，一般仪器仪表便可监测粪便处理量、沼气产量和发电量；规模饲养场的管理水平较高，一般日常都会监测动物生产特征参数，因此，开发规模化养殖场粪便处理项目相对于面大分散的稻田 CH_4、农田 N_2O 减排项目具有难度小、减排量大等优势。截至 2020 年 7 月底，有 4 个稻田 CH_4 减排方法学和 6 个农田 N_2O 减排的方法学。但只有 ACR 标准开发了 2 个稻田 CH_4 减排和 2 个农田 N_2O 减排项目，4 个项目签发的减排总量不足 1000 t CO_2eq（表 1-9）。关于增加土壤碳项目，也只有 AEOS 标准签发的农田土壤碳汇量较大，VCS、GS、ERF、CCER 等虽然开发了土壤碳汇计量标准，但成功注册的项目数量较少。此外，虽然有 6 个标准开发了家畜管理减少肠道 CH_4 减排方法学，成功注册和签发的减排量数量也很少（图 1-4）。

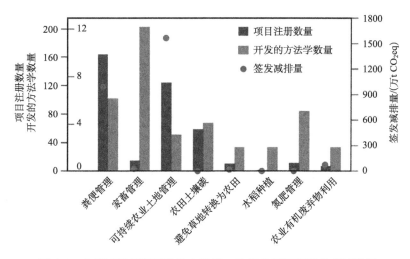

图 1-4　自愿减排标准开发的方法学、注册的项目和签发的减排量

3. 交易成本高，价格低，项目开发商和农民没有积极性

农业减排项目的审定和核证成本高。农业项目涉及千家万户、减排活动较分散，虽然减排总量大，但单位面积减排量低、项目开发成本和交易成本高，降低了农业项目对开发商的吸引力，是造成农业减缓项目的市场占有率低的原因之一。另外，为了实施项目，农民可能需要增加额外的投资，再加上减排量价格低，自愿减排市场中 50% 的减排量的价格低于 1 美元/t CO_2eq（World Bank Group, 2019），项目业主获得的效益低，甚至难以抵消由土壤耕作方式改变所增加的成本，农民参与项目开发的积极性受到的影响，制约了农业碳交易的发展。如果不改革农业减排项目管理办法，简化方法学和监测方法，农业项目市场占有率低的现象将会持续。

4. 额外性要求

温室气体减排项目的合格性要求之一就是评判项目的额外性，也就是如果没有碳市场激励措施，就不会有项目活动，减排项目不具有经济吸引力，而且实施该项目时存在障碍。如前文所述，不同的自愿减排交易标准要求论证项目额外性的方法有所不同。农业减排项目是否是法律法规强制的行动、在实施过程中是否存在技术、资金和能力方面的障碍和是否为普遍实践都比较易于分析，由于碳市场的不稳定性、价格波动较大和农业项目劳动力难以定价，使项目投资分析难以估算，要求农业项目额外性论证是程序上的障碍，而不是项目本身没有额外性。另外，项目额外性过多强调了项目的经济吸引力，并未考虑减排项目在生态、环保、生物多样性保护等方面产生的协同效应。

5. 非持久性

非持久性的风险被视为碳汇项目的固有特征。但自愿减排交易系统解决非持久性的方案与 CDM 项目截然不同。清洁发展机制仅发行临时碳信用，项目到期后，购买碳信用履约方将利用排放配额抵消过去购买的碳信用。而自愿减排交易系统一般是通过抵押的方式解决非持久性的风险，要求每个项目从签发的碳信用按一定的比例存放在"缓冲"账户中。不同自愿碳市场标准存放在"缓冲"账户的碳汇比例差异很大（表 1-6）。为了推进农业固碳项目，一些交易系统（如 MoorFutures 和 max.moor）规定的持久性要求不适用于农业项目（表 1-5）（Gabriella et al., 2019）。与造林和森林管理项目相同，农田和草地土壤固碳也具有非持久性问题，如保护性耕作等增加的土壤有机碳可能因复耕而造成有机碳分解。林业项目地上部生物量增加迅速、较易测量和核证，即使将一定比例的碳汇量存放在缓冲池中，林业项目的可签发的碳信用量仍然很大，国际自愿减排市场上更易接受林业碳汇项目。农业土壤碳形成和积累非常缓慢，如果再将一定比例的碳汇存放在"缓冲池"中，项目业主在减排中的获益更少，这是影响农业碳汇项目进入碳市场的主要因素。

与固碳持久性相关的问题是项目周期。项目周期越长，项目的持久性就越好，但项目业主一般不愿意实施项目周期太长的减排固碳项目，可接受的项目周期是 10～15 年。GS 标准将项目的周期定为至少 30 年，ACR 要求 40 年，CAR 则要求 100 年。

6. 碳汇项目见效慢

碳市场一般是购买核证后的减排量，属于"事后"支付方式。这是整个排放交易（碳融资）的核心，必须实现减排、报告和核证后方可签发减排量。考虑到监测成本和土壤碳积累缓慢，碳汇项目一般要求每 5 年监测一次，从项目开发至拿到减排项目收益的时间漫长，打击了农民和项目开发商开发农业碳汇项目的积极性。为了解决这一问题，以 AFOLU 为主的一些自愿减排标准对碳汇签发时间做出了与 CDM 项目相悖的规定，这些标准是根据估算的减排结果或者在项目执行到一定程度后即可签发减排量（表1-6）（Gather and Niederhafner, 2018）。这种预签发减排额的优点促进了碳交易，参与项目的农户和项目开发方尽早从减排项目中获利，缺点是增加了碳市场的复杂性，有可能事先签发减排量，但最终并未实现项目设计文件中预期的减排量。

1.3.2　自愿减排碳市场的必要性

1. 我国履行国际承诺的需要

农业温室气体排放是我国主要温室气体排放源之一。2014 年农业温室气体排放量为 8.3 亿 t CO_2eq，占国家温室气体排放量的 6.7%。发展低碳农业又是我国 NDC 中的重要内容，在我国提交给《联合国气候变化框架公约》秘书处的 NDC 中，明确提出了"推进农业低碳发展，到 2020 年努力实现化肥农药使用量零增长；控制稻田 CH_4 和农田 N_2O 排放，构建循环型农业体系，推动秸秆综合利用、农林废弃物资源化利用和畜禽粪便综合利用""继续实施退牧还草，推行草畜平衡，遏制草场退化，恢复草原植被""加强农田保育，提升土壤储碳能力"等。为履行国际承诺，我国已经制订了"2020 年化肥使用量零增长行动方案"，致力于提高肥料利用率，减少农田 N_2O 排放；同时，实施了"耕地质量保护与提升行动方案(2015)"，印发了"关于创新体制机制推进农业绿色发展的意见(2017)""关于加快推进畜禽养殖废弃物资源化利用的意见(2017)"和"畜禽粪污资源化利用行动方案(2017—2020 年)"。2020 年 9 月 22 日，国家主席习近平在第七十五届联合国大会一般性辩论的讲话中，提出"中国将提高国家自主贡献力度，采取更加有力的政策和措施，二氧化碳排放力争于 2030 年前达到峰值，努力争取 2060 年前实现碳中和"。推动农业减排固碳项目，将应对气候变化与发展绿色农业、保障粮食安全、提升环境质量、不断改善民生等密切结合起来，采取政策、经济手段推动农业减排固碳行动，对我国履行国际承诺、力争实现 2030 碳达峰目标、2060 碳中和愿景有积极作用。

2. 农业绿色发展和精准扶贫的需要

2017 年 9 月中共中央办公厅、国务院办公厅印发并实施了《关于创新体制机制推进农业绿色发展的意见》，强调绿色作为农业发展的驱动力，通过绿色技术、绿色投资和消费带动经济增长，实现农业经济增长与碳排放和环境退化脱钩。耕地地力提升技术、高效节水技术、化肥农药减施综合技术、废弃物无害化处理技术等是减少农业温室气体排放和增加土壤碳汇的关键技术，推动开展养分管理减少农田 N_2O 排放、水分管理减少稻田 CH_4 排放、秸秆还田和有机肥施用增加土壤有机碳储量、畜禽粪便无害化处理和资源化利用减少温室气体排放和能源替代等自愿减排项目，是农业绿色发展机制的创新，也是实现农业绿色低碳发展、提高农民减排收入的重要手段，对农民采用绿色技术形成正向激励。2015～2017 年，湖北在贫困地区开发了农林自愿减排项目，将碳减排和农业生产相结合，从碳汇市场中争取资金。湖北省贫困地区的农林类中国核证自愿减排量已累计成交 71 万 t，为农民增收 1016 万元，实现了农业减排项目的货币化。在贫困地区实施的减排项目虽然减排量小实施成本高，但项目直接受益民众往往数量大，具有明显的精准扶贫效果，通过示范和引领，有助于撬动全国更多的社会资本进入贫困地区投资减排项目。

目前主要的自愿减排碳市场标准都包括了农业项目类型（表1-7至表1-13），"国际航空碳抵消和减排计划（CORSIA）合格的减排信用"规定中，允许自愿减排碳市场标准的大多数农业减排项目产生的减排信用，只排除了CCER标准中的农业减排和养分管理减排项目产生的减排量。因此，有必要改进农业减排项目的方法学和相关要求，满足进入CORSIA系统的减排项目的要求，推进中国自愿减排碳市场标准中的农业项目在CORSIA的交易。

第2章　保护性耕作减排增汇项目方法学

根据中国《温室气体自愿减排交易管理暂行办法》(发改气候〔2012〕1668 号)的有关规定，应参照国家颁布的新闻管理办法调整相关要求，为推动保护性耕作，增加农田土壤有机碳和减少农业生产过程中的温室气体排放，规范国内保护性耕作减排增汇项目(以下简称"项目")的设计、减排增汇量的核算与监测工作，确保项目所产生的中国核证减排量达到可测量、可报告、可核查的要求，推动国内保护性耕作减排增汇项目的自愿减排交易，特编制《保护性耕作减排增汇项目方法学》(V01)。在 CDM EB、GS 和 VCS 批准的或审议中的方法学中没有类似的或可供参考方法学。

2.1　规范性引用文件

(1)IPCC 2006 年发布《2006 年 IPCC 国家温室气体清单指南》[1]。

(2)IPCC 2003 年发布《土地利用、土地利用变化和林业优良做法指南》[2]。

(3)中华人民共和国农业行业标准《土壤检测》系列标准(NY/T 1121—2006)[3]。

(4)UNFCCC 2012 年发布清洁发展机制(CDM)微型项目额外性论证指南(版本号 7.0)[4]。

(5)国家发展和改革委员会 2014 年发布《森林经营碳汇项目方法学》(版本号 AR-CM-003-V01)[5]。

2.2　适　用　条　件

土地管理领域的农田保护性耕作措施旨在增加土壤有机物输入、改变土壤中有机质分解速率，从而改善土壤有机碳储量。保护性耕作措施包括将常规耕作改为减少或免除机械翻耕和辅以秸秆还田等措施，这有助于减少农田表层扰动、增加土壤有机质输入、保护土壤团聚体结构，从而减少土壤有机碳储量损失，增加土壤有机碳含量，实现土壤碳库增汇、减少农田地表扰动造成的温室气体排放。本方法学适用条件包括：

(1)基准线情景下土地利用方式为旱地农田，耕作方式为常规耕作且秸秆不还田，稻田、果树、茶树等不适用于本方法学。

---

[1] https://www.ipcc.ch/report/2006-ipcc-guidelines-for-national-greenhouse-gas-inventories/

[2] https://www.ipcc.ch/publication/good-practice-guidance-for-land-use-land-use-change-and-forestry/

[3] https://www.docin.com/p-1755667264.html

[4] https://cdm.unfccc.int/methodologies/PAmethodologies/tools/am-tool-01-v7.0.0.pdf

[5] http://cdm.ccchina.org.cn/zyDetail.aspx?newsId=46229&TId=162

(2)项目活动为保护性耕作措施。至少 30%的秸秆覆盖土壤表面时，下面措施之一即可认为是保护性耕作措施：①常规耕作与秸秆还田；②减免耕与秸秆还田。为了保证免耕条件下正常播种和出苗，定期采取土壤深松措施时仍可认为项目活动为保护性耕作。

(3)秸秆还田用量不会影响原本作为秸秆炊事燃料以及牲畜饲料等用途的使用量。在没有秸秆还田项目活动情况下，这些秸秆原本在田头废弃好氧分解。

(4)项目区域的年降水量低于年蒸发量。

(5)项目的年减排总量小于或等于 60000 t CO_2eq。

2.3　定　　义

温室气体(greenhouse gas)：是大气中能吸收地面反射的太阳辐射，并重新发射辐射导致大气层温室效应的气体，如 CO_2、CH_4、N_2O 等。

土壤碳库(soil carbon pool)：是指土壤中的碳，包括土壤有机碳和无机碳，不包括土壤中的生物量(根、块等)及土壤动物。

保护性耕作(conservation tillage)：指通过少耕、免耕、深松及秸秆还田综合配套措施，既减少农田土壤侵蚀，增加农田土壤有机碳含量，实现土壤碳库增汇、减少温室气体排放，又保护农田生态环境，从而获得生态环境效益、经济效益及社会效益协调发展的可持续农业技术。

常规耕作(conventional tillage)：指作物生产过程中由耕翻、耙压和中耕等组成的土壤耕作体系。

少耕(reduced tillage)：指在常规耕作基础上减少土壤耕作次数和强度的一种保护性土壤耕作体系。

免耕(no tillage)：避免对农田土壤进行耕作的方式。

基准线情景(baseline scenario)：是指在没有保护性耕作减排增汇项目活动实施的情景下，原本会在项目区域内实施的常规耕作方式及农耕活动情景。

项目活动(project activity)：是指保护性耕作减排增汇项目开始实施后，项目区域内实施的保护性耕作措施。

土壤有机质(soil organic matter，SOM)：是指土壤中含碳的有机物质。

土壤有机质含量(soil organic matter content)：是指每千克土壤中的有机质含量。

土壤有机碳含量(soil organic carbon content)：是指单位质量土壤有机质中的碳元素含量。

土壤有机碳密度(soil organic carbon density)：是指单位面积、一定深度土体中土壤有机碳质量，本方法学计算的是表层 30 cm 的土壤有机碳密度。

土壤有机碳储量(soil organic carbon stock)：是指区域范围内一定深度的土壤有机碳总质量，本方法学计算的是表层 0～30 cm 深度的土壤有机碳储量。

项目边界(project boundary)：是指项目参与方(项目业主)实施的保护性耕作减排增汇项目活动的地理范围。一个项目活动可在若干个不同的地块上进行，但每个地块应有特定的地理边界。项目边界有事前项目边界和事后项目边界之分。

事前项目边界：是在项目设计和开发阶段确定的项目边界，是计划实施项目活动的边界。

事后项目边界：是在项目活动开始后经过核实的实际项目活动边界。在实施阶段，经监测核实的事后项目边界，若与事前有偏差，可作保守性修正。

2.4　项目边界的确定

事前项目边界可采用下述方法之一确定：

(1) 采用全球定位系统(GPS)、北斗卫星导航系统(Compass)或其他卫星导航系统直接测定项目所有地块边界的拐点坐标，定位误差不超过 5 m。

(2) 使用大比例尺地形图(比例尺不小于 1:10000)进行现场勾绘，结合 GPS、Compass 等定位系统进行精度控制。面积勾绘时要排除地块之间的道路、灌溉渠和田埂等非种植面积。

事后项目边界可采用上述方法之一进行，面积测定误差不超过 5%。

在项目审定和核查时，项目参与方须提交地理信息系统(GIS)产出的项目边界的矢量图形文件(.shp 文件)。在项目审定和首次核查时，项目参与方须提供村级单位出具的参与项目所有地块的土地所有权或使用权证明。

2.5　碳库和温室气体排放源选择

在基准线情景和项目活动下包括的碳库和排放源见表 2-1 和表 2-2。

表 2-1　在基准线和项目活动下碳库的选择

碳库种类	包括/不包括	理由/说明
地上部木本生物量	不包括	不涉及
地下部木本生物量	不包括	不涉及
一年生农作物生物量	不包括	一年生农作物生物量将在短时间内分解并以 CO_2 的形式排放到大气中，因此可以忽略
枯木	不包括	不涉及
枯枝落叶	不包括	一年生作物枯落物将在短时间内分解并以 CO_2 的形式排放到大气中，因此可以忽略
土壤有机碳	包括	保护性耕作主要引起土壤有机碳库的变化

表 2-2　基准线和项目活动中不包括或包括的温室气体排放源和种类

	排放源	气体	不包括/包括	理由/说明
基线情景	施用化肥	CO_2	不包括	不适用
		CH_4	不包括	不适用
		N_2O	包括	农田施肥是 N_2O 的主要排放源

续表

排放源		气体	不包括/包括	理由/说明
基线情景	秸秆还田	CO_2	不包括	基准线情景下无秸秆还田
		CH_4	不包括	基准线情景下无秸秆还田
		N_2O	不包括	基准线情景下无秸秆还田
	有机肥施用	CO_2	不包括	不适用
		CH_4	不包括	旱地农田无厌氧环境，不产生 CH_4
		N_2O	包括	有机肥施用是 N_2O 的主要排放源
	农机化石燃料消耗	CO_2	包括	是主要 CO_2 排放源
		CH_4	不包括	简化排除
		N_2O	不包括	简化排除
项目情景	施用化肥	CO_2	不包括	不适用
		CH_4	不包括	不适用
		N_2O	包括	农田施肥是 N_2O 的主要排放源
	秸秆还田	CO_2	不包括	不适用
		CH_4	不包括	旱地农田无厌氧环境，不产生 CH_4
		N_2O	包括	农田秸秆还田是 N_2O 主要排放源
	有机肥施用	CO_2	不包括	不适用
		CH_4	不包括	旱地农田无厌氧环境，不产生 CH_4
		N_2O	包括	有机肥施用是 N_2O 的主要排放源
	农机化石燃料消耗	CO_2	包括	是主要 CO_2 排放源
		CH_4	不包括	简化排除
		N_2O	不包括	简化排除

2.6　项目活动开始日期和计入期

项目活动开始日期是指实施保护性耕作减排增汇项目活动的开始日期。项目活动开始日期应根据国家有关管理规定确定具体日期。如果项目活动开始日期早于向国家气候变化主管部门提交项目备案的日期，项目参与方须提供透明和可核实的证据，证明减排增汇是项目活动最初的主要目的。这些证据须是发生在项目开始日之前的、官方的或有法律效力的文件。

计入期是指，项目活动开始后(或备案后)，相对于基准线情景，项目活动产生的土壤有机碳储量增加和导致的温室气体减排量额度的计入周期。保护性耕作减排增汇项目的计入期最短为 20 年，最长不超过 60 年。

2.7　基准线情景识别和额外性论证

项目参与方可通过下述程序，识别和确定项目活动的基准线情景，并论证项目活动

的额外性:

减排量小于 20000t CO_2 eq 的保护性耕作减排增汇项目,如果项目参与方满足下列条件之一,可以免除额外性论证,目前的耕作方式即为基准线情景:

(1)项目参与方均为农户;

(2)项目参与方为村集体;

(3)项目参与方为种植面积小于 2 万 hm^2 的中小型的种植业企业;

(4)项目参与方包含了农户、村集体和中小型种植业企业,其中种植业企业的项目面积小于 2 万 hm^2。

对于减排量在 20000~60000t CO_2 eq 项目,参与方需论证项目活动情景是否为普遍性实践。即论证:是否在与拟议项目活动地区相类似的地区(类似的地理区域、环境条件、社会经济条件以及投资环境等),由类似的实体或机构(如公司、国家政府项目、地方政府项目或农户、农村和种植业企业等)普遍实施具有可比的类似耕作方式的农耕活动。若如此,项目参与方须提供透明性文件,证明拟议保护性耕作项目与这些普遍性实践有本质的(重大的)差异(比如类似活动是政府支持的示范项目或国际援助项目或国企/地方国企项目等,而拟议项目不具备这些条件),即拟议项目活动不是普遍性实践。

项目活动一旦被论证不是普遍性实践,即被认定在其计入期内具有额外性。此时,基准线情景即为现有的耕作方式情景。即在计入期内不采取任何减免耕、秸秆还田等保护性耕作措施。否则,拟议项目不具额外性。

如果项目活动情景具有普遍性,项目参与方需提供说明,如果存在下列障碍之一,则拟议项目活动将无法开展实施,因而具备额外性。

(1)资金障碍:缺少财政补贴或非商业性投资;没有来自国内或国际的民间资本;不能进行融资;缺少信贷的途径等;

(2)技术障碍:缺乏训练有素的技术人员消化、使用和维护新技术设备,缺少维护更换的配件供应。如果采用技术相对落后的替代方案,则项目实施风险较低,并且市场占有率较高,但将导致较高的温室气体排放量;

(3)流行性习惯做法/实践:流行性习惯做法/实践或者违背现有现行法规或政策要求将导致项目活动实施产生较高的温室气体排放;

(4)其他障碍:如信息障碍、机制/体制障碍、组织/管理能力障碍、资金障碍等导致的较高的项目活动温室气体排放。

2.8　分　　层

项目边界内可能包括不同的耕作方式、种植制度、农田水肥管理措施以及不同的土壤条件。为了使层内均一性增加、降低监测成本,需要对基准线情景和项目情景下的地块进行分层。分层包括基准线情景分层和项目分层。

基准线情景分层:项目参与方须根据现有耕作方式、种植制度、农田水肥管理措施等对基准线情景进行分层。

项目分层包括事前项目分层和事后项目分层。事前项目分层用于项目减排增汇的事前计量,主要是根据保护性耕作类型、种植制度、农田水肥管理措施等划分。事后项目分层用于项目减排增汇的事后监测和核算。

2.9　项目减排量计算

2.9.1　基准线情景下土壤碳储量和温室气体排放

项目基准线情景包括土壤有机碳储量、农田 N_2O 排放量和农机耕作消耗化石燃料造成的 CO_2 排放量。

1. 土壤有机碳储量

步骤 1:计算土壤有机碳密度
基准线情景下土壤有机碳密度的计算方法:

$$B_{\mathrm{SOC}_{s,i}} = \mathrm{SOC}_{B,s,i} \times \mathrm{BD}_s \times \mathrm{Depth} \times (1 - \mathrm{FC}_s) \times 0.1 \tag{2-1}$$

式中, $B_{\mathrm{SOC}_{s,i}}$ 为基准线情景下分层 s、抽样地块 i 的土壤有机碳密度[①], t C/hm²; $\mathrm{SOC}_{B,s,i}$ 为基准线情景下分层 s、抽样地块 i 的土壤有机碳含量, g C/kg 土壤; BD_s 为分层 s 表层 30 cm 的土壤容重, g/cm³; Depth 为表层土壤深度(30 cm), cm; FC_s 为分层 s 表层 30 cm 土壤中直径大于 2 mm 的砾石所占百分比, %; 0.1 为单位转换系数; s 为分层; i 为抽样地块。

步骤 2:计算平均土壤有机碳密度
基准线情景下对给定分层 s 的所有抽样地块平均土壤有机碳密度的计算方法:

$$B_{\mathrm{SOC}_s} = \frac{\sum_{i=1}^{I_s} B_{\mathrm{SOC}_{s,i}}}{I_s} \tag{2-2}$$

式中, B_{SOC_s} 为基准线情景下对给定分层 s 的所有抽样地块平均的土壤有机碳密度, t C/hm²; I_s 为基准线情景下分层 s 的所有抽样地块总数, 块。

步骤 3:计算土壤有机碳储量
基准线情景下土壤有机碳储量计算方法:

$$\mathrm{BE}_{\mathrm{SOC}} = \sum_{s=1}^{S} \left(B_{\mathrm{SOC}_s} \times \mathrm{BA}_s \right) \tag{2-3}$$

式中, $\mathrm{BE}_{\mathrm{SOC}}$ 为基准线情景下土壤有机碳储量, t C; BA_s 为基准线情景下分层 s 所有地块的总面积, hm²; S 为分层总数, 个。

---

① 不是单位体积,而是相当于深度 30cm×1 hm² 面积的体积中的土壤有机碳含量

2. 农田 N_2O 排放量

基准线情景下施肥导致的农田 N_2O 排放源包括两个方面：①施用氮肥；②施用动物粪肥。

步骤 1：施用氮肥造成的 N_2O 排放

基准线情景下施用氮肥造成的 N_2O 排放计算方法：

$$BE_{N_2O_{SN}} = BF_{SN} \times EF_1 \tag{2-4}$$

$$BF_{SN} = \sum_{s=1}^{S} \left[\frac{\sum_{i=1}^{I_s} \sum_{p=1}^{P} BM_{SN_{s,i,p}} \times B_{NC_{SN_p}}}{I_s} \times BA_s \right] \tag{2-5}$$

式中，$BE_{N_2O_{SN}}$ 为基准线情景下项目区域内施用氮肥造成的 N_2O 排放，t N_2O-N；BF_{SN} 为基准线情景下氮肥施用量，t N；EF_1 为氮肥 N_2O 排放因子，t N_2O-N/施入的 t N；$BM_{SN_{s,i,p}}$ 为基准线情景下分层 s、抽样地块 i、单位面积施用氮肥类型 p 的量，t/hm²；$B_{NC_{SN_p}}$ 为氮肥类型 p 的含氮量，t N/t 化肥；p 为氮肥类型。

步骤 2：施用动物粪肥造成的 N_2O 排放

基准线情景下施用动物粪肥造成的 N_2O 排放计算方法：

$$BE_{N_2O_{OF}} = BF_{OF} \times EF_1 \tag{2-6}$$

$$BF_{OF} = \sum_{s=1}^{S} \left[\frac{\sum_{i=1}^{I_s} \sum_{q=1}^{Q} BM_{OF_{s,i,q}} \times B_{NC_{OF_q}}}{I_s} \times BA_s \right] \tag{2-7}$$

式中，$BE_{N_2O_{OF}}$ 为基准线情景下项目区域内施用动物粪肥造成的 N_2O 排放，t N_2O-N；BF_{OF} 为基准线情景下动物粪肥施用量，t N；EF_1 为动物粪肥的 N_2O 排放因子，t N_2O-N/施入的 t N；$BM_{OF_{s,i,q}}$ 为基准线情景下分层 s、抽样地块 i、单位面积使用动物粪肥类型 q 的量，t/hm²；$B_{NC_{OF_q}}$ 为动物粪肥类型 q 的含氮量，t N/t；q 为动物粪肥类型。

步骤 3：农田 N_2O 排放总量

基准线情景下的农田 N_2O 排放总量由式(2-8)计算：

$$BE_{N_2O} = (BE_{N_2O_{SN}} + BE_{N_2O_{OF}}) \times 44/28 \times GWP_{N_2O} \tag{2-8}$$

式中，BE_{N_2O} 为基准线情景下项目区域内施肥造成的 N_2O 排放，t CO_2eq；44/28 为 N_2O-N 转换为 N_2O 的系数；GWP_{N_2O} 为 N_2O 的增温潜势，298。

3. 农机耕作消耗化石燃料造成的 CO_2 排放量

利用式(2-9)计算基准线情景下农机耕作消耗化石燃料造成的 CO_2 排放量：

$$\mathrm{BE}_{\mathrm{FC}} = \sum_{s=1}^{S} \left[\frac{\sum\limits_{i=1}^{I_s} \sum\limits_{l=1}^{L} \sum\limits_{k=1}^{K} B_{\mathrm{FC}_{s,i,l,k}} \times \mathrm{EF}_{\mathrm{CO_2},k} \times \mathrm{NCV}_k}{I_s} \times \mathrm{BA}_s \right] \quad (2\text{-}9)$$

式中，$\mathrm{BE}_{\mathrm{FC}}$ 为基准线情景下农机耕作消耗化石燃料造成的 CO_2 排放量，$t\,CO_2$；$B_{\mathrm{FC}_{s,i,l,k}}$ 为基准线情景下分层 s、抽样地块 i、农机类型 l 耕作单位面积年平均消耗的燃料类型 k 的量，重量或体积/hm^2；$\mathrm{EF}_{\mathrm{CO_2},k}$ 为燃料类型 k 的排放因子，$t\,CO_2/GJ$；NCV_k 为燃料类型 k 的净热值，GJ/重量或体积单位；k 为燃料类型；K 为使用的燃料类型数量；l 为农机类型；L 为农机类型数量。

2.9.2 项目活动下土壤碳储量和温室气体排放

1. 土壤有机碳储量

步骤 1：计算土壤有机碳密度

项目活动下土壤有机碳密度的计算方法：

$$P_{\mathrm{SOC}_{m,s,i}} = \mathrm{SOC}_{P,m,s,i} \times \mathrm{BD}_s \times \mathrm{Depth} \times (1 - \mathrm{FC}_s) \times 0.1 \quad (2\text{-}10)$$

式中，$P_{\mathrm{SOC}_{m,s,i}}$ 为项目活动下第 m 次土壤有机质含量监测期分层 s、抽样地块 i 的土壤有机碳密度，$t\,C/hm^2$；$\mathrm{SOC}_{P,m,s,i}$ 为项目活动下第 m 次土壤有机质含量监测期分层 s、抽样地块 i 的土壤有机碳含量，gC/kg；m 为在项目实施过程中，为了降低项目监测成本，在计入期内项目参与方不需要每年监测土壤有机质含量，一般为 3～5 年监测一次。$m=1$，$2,3,\cdots$。

其余参数定义见式(2-1)。

步骤 2：计算平均土壤有机碳密度

项目活动下给定分层 s 的平均土壤有机碳密度的计算方法：

$$P_{\mathrm{SOC}_{m,s}} = \frac{\sum\limits_{i=1}^{I_s} P_{\mathrm{SOC}_{m,s,i}}}{I_s} \quad (2\text{-}11)$$

式中，$P_{\mathrm{SOC}_{m,s}}$ 为项目活动下第 m 次土壤有机质含量监测期分层 s 所有抽样地块平均土壤有机碳密度，$t\,C/hm^2$。

步骤 3：计算土壤有机碳储量

项目活动下不同有机质含量监测期的土壤有机碳储量计算方法：

$$\mathrm{PE}_{\mathrm{SOC}_m} = \sum_{s=1}^{S} \left(P_{\mathrm{SOC}_{m,s}} \times \mathrm{PA}_{m,s} \right) \quad (2\text{-}12)$$

式中，$\mathrm{PE}_{\mathrm{SOC}_m}$ 为项目活动下第 m 次土壤有机质含量监测期土壤有机碳储量，$t\,C$；$\mathrm{PA}_{m,s}$ 为项目活动下第 m 次土壤有机质含量监测期、分层 s、所有地块的总面积，hm^2。

其余参数定义见式(2-3)。

2. 农田 N_2O 排放量

项目活动下施肥导致的农田 N_2O 排放源包括三个方面：①施用氮肥；②施用动物粪肥；③秸秆还田。

步骤 1：施用氮肥造成的 N_2O 排放

项目活动下施用氮肥造成的 N_2O 排放计算方法：

$$PE_{N_2O_{SN,y}} = PF_{SN,y} \times EF_1 \tag{2-13}$$

$$PF_{SN,y} = \sum_{s=1}^{S} \left[\frac{\sum_{i=1}^{I_s} \sum_{p=1}^{P} PM_{SN_{s,i,p,y}} \times P_{SN,s,i,p,y}}{I_s} \times PA_{m,s} \right] \tag{2-14}$$

式中，$PE_{N_2O_{SN,y}}$ 为项目活动下第 y 年项目区域内施肥造成的 N_2O 排放，$t\ N_2O\text{-}N$；$PF_{SN,y}$ 为项目活动下第 y 年氮肥施用量，$t\ N$；EF_1 为氮肥 N_2O 排放因子，$t\ N_2O\text{-}N/$施入的 $t\ N$；$PM_{SN_{s,i,p,y}}$ 为项目活动下第 y 年分层 s、抽样地块 i、氮肥类型 p 的单位面积施用量，t/hm^2；$P_{SN,s,i,p,y}$ 为项目活动下第 y 年分层 s、抽样地块 i、施用的氮肥类型 p 的含氮量，$t\ N/t$ 化肥。

步骤 2：施用动物粪肥造成的 N_2O 排放

项目活动下施用动物粪肥造成的 N_2O 排放计算方法：

$$PE_{N_2O_{OF,y}} = PF_{OF,y} \times EF_1 \tag{2-15}$$

$$PF_{OF,y} = \sum_{s=1}^{S} \left[\frac{\sum_{i=1}^{I_s} \sum_{q=1}^{Q} PM_{OF_{s,i,q,y}} \times P_{OF_{s,i,q,y}}}{I_s} \times PA_{m,s} \right] \tag{2-16}$$

式中，$PE_{N_2O_{OF,y}}$ 为项目活动下第 y 年项目区域内施用动物粪肥造成的 N_2O 排放，$t\ N_2O\text{-}N$；$PF_{OF,y}$ 为项目活动下第 y 年动物粪肥施用量，$t\ N$；EF_1 为动物粪肥的 N_2O 排放因子，$t\ N_2O\text{-}N/$施入的 $t\ N$；$PM_{OF_{s,i,q,y}}$ 为项目活动下第 y 年分层 s、抽样地块 i、动物粪肥类型 q 的单位面积施用量，t/hm^2；$P_{OF_{s,i,q,y}}$ 为项目活动下第 y 年分层 s、抽样地块 i、施用的动物粪肥类型 q 的含氮量，$t\ N/t$；q 为动物粪肥类型。

步骤 3：秸秆还田造成的 N_2O 排放

项目活动下秸秆还田造成的 N_2O 排放计算方法：

$$PE_{N_2O_{CF,y}} = PF_{CF,y} \times EF_1 \tag{2-17}$$

$$PF_{CF,y} = \sum_{s=1}^{S} \left[\frac{\sum_{i=1}^{I_s} \sum_{j=1}^{J} PM_{CF_{s,i,j,y}} \times P_{CF_{s,i,j,y}}}{I_s} \times PA_{m,s} \right] \tag{2-18}$$

$$PM_{CFs,i,j,y} = PG_{s,i,j,y} \times RG_j \times DW_j \times PP_{CFs,i,j,y} \tag{2-19}$$

式中，$PE_{N_2O_{CF,y}}$ 为项目活动下第 y 年项目区域内秸秆还田造成的 N_2O 排放，$t\ N_2O\text{-}N$；$PF_{CF,y}$ 为项目活动下第 y 年秸秆还田的 N 量，$t\ N$；EF_1 为秸秆还田的 N_2O 排放因子，$t\ N_2O\text{-}N/$施入的 $t\ N$；$PM_{CFs,i,j,y}$ 为项目活动下第 y 年分层 s、抽样地块 i、作物类型 j 的单位面积秸秆还田量，$t\ hm^2$；$P_{CFs,i,j,y}$ 为项目活动下第 y 年分层 s、抽样地块 i、作物类型 j 的秸秆含氮量，$t\ N/t$；$PG_{s,i,j,y}$ 为项目活动下第 y 年分层 s、抽样地块 i、作物类型 j 的单位面积产量，t/hm^2；RG_j 为作物类型 j 的秸秆/作物产量比，无量纲；DW_j 为作物类型 j 的秸秆干重比，无量纲；$PP_{CFs,i,j,y}$ 为项目活动下第 y 年分层 s、抽样地块 i、作物类型 j 的秸秆还田比例，$\%$；j 为作物类型。

步骤 4：农田 N_2O 排放总量

项目活动下的农田 N_2O 排放总量由式(2-20)计算。

$$PE_{N_2O,y} = (PE_{N_2O_{SN,y}} + PE_{N_2O_{OF,y}} + PE_{N_2O_{CF,y}}) \times 44/28 \times GWP_{N_2O} \tag{2-20}$$

式中，$PE_{N_2O,y}$ 为项目活动下第 y 年项目区域内秸秆还田造成的 N_2O 排放，$t\ N_2O\text{-}N$。

3. 农机耕作消耗化石燃料造成的 CO_2 排放量

利用公式(2-21)计算项目活动下农机耕作消耗化石燃料造成的 CO_2 排放量。

$$PE_{FC,y} = \sum_{s=1}^{S} \left[\frac{\sum_{i=1}^{I_s}\sum_{l=1}^{L}\sum_{k=1}^{K} P_{FC_{s,i,l,k,y}} \times EF_{CO_2,k} \times NCV_k}{I_s} \times PA_{m,s} \right] \tag{2-21}$$

式中，$PE_{FC,y}$ 为项目活动下第 y 年农机耕作消耗化石燃料造成的 CO_2 排放量，$t\ CO_2$；$P_{FC_{s,i,l,k,y}}$ 为项目活动下第 y 年分层 s、抽样地块 i、使用农机类型 l 耕作单位面积消耗的燃料类型 k 的量，重量或体积$/hm^2$；$EF_{CO_2,k}$ 为燃料类型 k 的排放因子，$t\ CO_2/GJ$；NCV_k 为燃料类型 k 的净热值，$GJ/$重量或体积。

2.9.3 项目活动引起的土壤有机碳储量、温室气体排放的变化

保护性耕作减排增汇项目活动的减排量计算包括三个方面：①土壤有机碳储量变化；②农田 N_2O 排放量变化；③农机具耕作化石燃料消耗造成的 CO_2 排放量变化。计算方法见式(2-22)：

$$\Delta E_y = \Delta SOC_y + \Delta N_2O_y + \Delta CO_{2y} \tag{2-22}$$

式中，ΔE_y 为第 y 年项目活动引起的土壤有机碳储量和温室气体排放的变化，$t\ CO_2eq$；ΔSOC_y 为第 y 年项目活动引起的土壤有机碳储量的变化，$t\ CO_2$；ΔN_2O_y 为第 y 年项目活动引起的农田 N_2O 排放量的变化，$t\ CO_2eq$；ΔCO_{2y} 为第 y 年项目活动引起的农机具耕作化石燃料消耗造成的 CO_2 排放量的变化，$t\ CO_2$。

1. 土壤有机碳储量变化

1）针对第 1 次土壤有机质含量监测

项目活动下第 1 次土壤有机质含量监测，土壤有机碳储量平均年变化量计算方法：

$$\Delta SOC_y = \frac{PE_{SOC_m} - BE_{SOC}}{y_1} \times \frac{44}{12} \tag{2-23}$$

式中，ΔSOC_y 为项目活动开始到第 1 次土壤有机质含量监测期项目区域内土壤有机碳储量平均年变化量，$t\ CO_2$；y_1 为项目活动开始到第 1 次土壤有机质含量监测期的时间间隔，年；m 为项目活动下第 m 次土壤有机质含量监测期，第 1 次土壤监测时，m 等于 1；44/12 为将土壤 C 转化成 CO_2 的系数。

2）针对第 2 个及后续的土壤有机质含量监测期

项目活动下的第 2 次及后续的土壤有机质含量监测，土壤有机碳储量平均年变化量的计算方法：

$$\Delta SOC_y = \frac{PE_{SOC_m} - PE_{SOC_{m-1}}}{y_m} \times \frac{44}{12} \tag{2-24}$$

式中，ΔSOC_y 为第 $m-1$ 次监测至第 m 次土壤有机质含量监测期项目区域内土壤有机碳储量平均年变化量，$t\ CO_2eq$；$PE_{SOC_{m-1}}$ 为第 $m-1$ 次土壤有机质含量监测期项目区域内土壤有机碳储量，$t\ CO_2eq$；y_m 为第 $m-1$ 次与第 m 次土壤有机质含量监测期的时间间隔，年。

2. 农田 N_2O 排放量的变化

项目活动造成的农田 N_2O 排放量的变化计算方法：

$$\Delta N_2O_y = BE_{N_2O} - PE_{N_2O,y} \tag{2-25}$$

3. 农机耕作消耗化石燃料造成的 CO_2 排放量的变化

项目活动下农机耕作消耗化石燃料造成的 CO_2 排放量的变化计算方法见式(2-26)。

$$\Delta CO_{2y} = BE_{FC} - PE_{FC,y} \tag{2-26}$$

2.9.4　泄漏

项目存在两种潜在泄漏源：

(1)秸秆还田可能导致项目边界外用于炊事的化石能源、电能消耗量增加。

(2)秸秆还田可能导致秸秆作为饲料数量减少，有可能导致项目边界外饲料生产量增加，从而增加项目边界外生产饲料的温室气体排放。

根据项目的适用条件(3)秸秆还田用量不会影响原本在秸秆炊事燃料以及牲畜饲料等用途的使用量(2.2 节)。在没有秸秆还田项目活动情况下，这些秸秆在田头废弃好氧分解，项目的实施不可能增加项目边界外温室气体排放。

因此，本方法学假设泄漏排放为零，即 $LE_t = 0$。

2.9.5　项目减排量

项目活动引起的项目区域内减排量计算方法：

$$ER_t = \Delta E_t - LE_t \tag{2-27}$$

式中，ER_t 为第 y 年项目活动引起的减排量，t CO_2eq。

2.10　监测方法学

本方法学涉及的所有监测数据须按相关标准进行监测和测定。监测的主要参数包括土壤有机质含量、项目活动所涉及的地块面积、单位面积化肥用量及肥料含氮量、单位面积有机肥用量及肥料含氮量、作物产量、秸秆还田比例、农机消耗燃料类型及用量。监测过程中收集的所有数据都须以电子版和纸质方式存档，直到计入期结束后至少两年。第一次核查期应在项目开始实施 3 年后进行。

2.10.1　项目边界的监测

监测方法和步骤如下：

(1) 采用全球定位系统(GPS)、北斗卫星导航系统(Compass)或其他卫星导航系统，测定项目所有地块边界线的拐点坐标，或者使用大比例尺地形图(比例尺不小于1:10000)进行现场勾绘，结合 GPS、Compass 等定位系统进行精度控制。

(2) 核对实际边界坐标是否与项目设计文件中描述的边界一致。

(3) 如果实际边界位于项目设计文件描述的边界之外，则超出部分将不计入项目边界内。

(4) 将测定的拐点坐标或项目边界输入地理信息系统，计算项目地块及各分层的面积。

(5) 在每次监测土壤有机质时，须对项目边界进行定期监测，如果项目边界内某些地块没有采取保护性耕作措施，应将这些地块调出项目边界之外。如在之后土壤有机质监测期这些地块重新采取了保护性耕作，这些地块可继续参与抽样监测，并可重新纳入项目区域的减排增汇量计算。根据不同时段监测的土壤碳储量，计算土壤碳储量年变化。

2.10.2　抽样设计与抽样样本数的计算

项目参与方在每次监测土壤有机质时，首先要计算项目监测样本数。再根据每一分层的总面积计算每一个分层的监测样本数。在同一分层内采用随机抽样的方法确定监测地块，测定基准线情景和项目活动下的土壤有机质含量、收集活动水平数据，如施肥量、耕作化石燃料消耗量等。

抽样地块数量监测结果达到 90% 可靠性水平下误差不超过 10% 的精度要求。计算方法参考《森林经营碳汇项目方法学》[①]，每一分层需要抽取的样本数按照式(2-28)确定。

$$n = \left(\frac{t_{\mathrm{val}}}{E}\right)^2 \times \left(\sum_s w_s \times s_s\right)^2 \tag{2-28}$$

式中，n 为项目边界内估算土壤碳储量、温室气体排放所需的监测地块样本数量，无量纲；t_{val} 为可靠性指标，在一定的可靠性水平下，自由度为无穷(∞)时查 t 分布双侧 t 分位数表的 t 值，无量纲；w_s 为项目边界内第 i 项目分层的面积权重，无量纲；s_s 为项目边界内第 s 项目分层的土壤碳储量、施肥量、耕作化石燃料消耗量等监测参数估计值的标准差，$t\,C/hm^2$；E 为项目土壤碳储量、施肥量、耕作化石燃料消耗量等监测参数估计值允许的误差范围(即置信区间的一半)，在每一碳层内用 s_s 表示，$t\,C/hm^2$；s 为 1, 2, 3… 项目分层。

当计算的某一分层地块监测数量小于 3 时，则该分层的监测地块数量设定为 3 个地块。

2.10.3　土壤有机质的监测

采用分层随机抽样的方法测定基准线情景和项目活动的土壤有机质含量。采集 0～30 cm 土层的土壤样本，土壤样品的采集方法和保存依据《土壤检测》标准——第 1 部分：土壤样品的采集、处理和贮存(NY/T 1121.1—2006)。土壤有机质的测定应送到具有检测资质的机构进行测定，测定方法依据《土壤检测》标准——第 6 部分：土壤有机质的测定(NY/T 1121.6—2006)。土壤有机质监测的频率为每 3～10 年一次。利用式(2-29)将有机质含量转变为土壤有机碳含量。

$$SOC = SOM / 1.724 \tag{2-29}$$

式中，SOC 为土壤有机碳含量，$g\,C/kg$；SOM 为土壤有机质含量，$g\,C/kg$；1.724 为土壤有机碳含量与土壤有机质含量之间的转换系数。

同一分层内土壤有机质含量测量应达到误差不超过 10%的精度要求(90%置信区间)。如果达不到这一精度要求，需增加抽样的样本量。

根据抽样监测结果计算基准线情景下土壤碳储量。项目备案后，在项目计入期内基准线情景下土壤碳储量保持不变。

2.10.4　农田施肥量的监测

基准线情景和项目活动下采用分层随机抽样的方法收集：无机氮肥类型、氮肥单位面积施用量以及氮肥含氮量；动物粪肥的类型、动物粪肥单位面积施用量以及动物粪肥含氮量；作物类型、秸秆还田量和秸秆含氮量等数据。监测的频率为每次氮肥施用、秸秆还田和有机肥施用时进行监测，每年汇总一次。

根据抽样收集的数据，计算基准线情景和项目活动下土壤 N_2O 排放量。项目备案后，在项目计入期内基准线情景下土壤 N_2O 排放量保持不变。

---

① 《森林经营碳汇项目方法学》(V01). http://cdm.ccchina.gov.cn/zyDetail.aspx?newsId=46229&TId=162

2.10.5　农机燃油消耗量的监测

采用分层随机抽样的方法，监测并收集基准线情景和项目活动下使用的农机类型、作业时间长度、单位工作时间的燃油消耗量，以及燃油类型等数据。监测的频率为每次使用农机耕作时进行记录，每年汇总一次。

根据抽样收集的数据计算基准线情景和项目活动下农机燃油消耗量 CO_2 排放量。项目备案后，在项目计入期内基准线情景下农机燃油消耗量 CO_2 排放量保持不变。

2.10.6　项目开始前需要确定的数据和参数

项目开始前需要确定的数据和参数详见表 2-3。

表 2-3　项目开始前需要确定的数据和参数

数据/参数	$SOC_{B,s,i}$
数据单位	g C/kg 土壤
描述	基准线情景下分层 s、抽样地块 i 的土壤有机碳含量，项目开始前基线调研的确定
数据来源	项目参与方
采用的数据	—
数据选择论证或测定方法和程序的描述	土壤样品的采集方法和保存依据《土壤检测　第 1 部分：土壤样品的采集、处理和贮存》(NY/T 1121.1—2006)；土壤有机质测定方法依据《土壤检测　第 6 部分：土壤有机质的测定》(NY/T 1121.6—2006)：$SOC = SOM / 1.724$ 同一分层内土壤有机质含量测量应达到误差不超过 10% 的精度要求(90%置信区间)。如果达不到这一精度要求，需增加抽样的样本量，项目开始后，$SOC_{B,s,i}$ 保持不变
其他评论	在计入期之后保存 2 年

数据/参数	BD_s
数据单位	g/cm³
描述	分层 s 表层 30 cm 的土壤容重；项目开始后，BD_s 保持不变
数据来源	项目参与方
采用的数据	—
数据选择论证或测定方法和程序的描述	测定方法依据《土壤检测　第 4 部分：土壤容重的测定》(NY/Y1121.4—2006)。在项目开始时监测一次 BD_s
其他评论	在计入期之后保存 2 年

数据/参数	FC_s
数据单位	%
描述	分层 s 表层 30 cm 土壤中直径大于 2 mm 的砾石所占的百分比，项目开始前基线调研的确定
数据来源	项目参与方
采用的数据	—
数据选择论证或测定方法和程序的描述	FC_s 测定方法依据《土壤检测　第 6 部分：土壤有机质的测定》(NY/T 1121.6—2006)。在项目开始时监测一次 FC_s，项目开始后 FC_s 数值不变
其他评论	在计入期之后保存 2 年

续表

数据/参数	BA_s
数据单位	hm^2
描述	基准线情景下分层 s 参与项目所有地块的总面积
数据来源	项目参与方
采用的数据	—
数据选择论证或测定方法和程序的描述	项目开始前基准线调研
其他评论	在计入期之后保存 2 年

数据/参数	EF_1
数据单位	kg N_2O-N/(每 kg 施入的 N)
描述	施氮肥/动物粪肥/秸秆还田的 N_2O 直接排放因子
数据来源	数据来自项目区相关文献，或参数附录：表 A-1，或采用《2006 年 IPCC 国家气体清单指南》的默认值
采用的数据	—
数据选择论证或测定方法和程序的描述	—
其他评论	在计入期之后保存 2 年

数据/参数	$BM_{SNs,i,p}$
数据单位	t/hm^2
描述	基准线情景下分层 s、抽样地块 i、氮肥类型 p 的单位面积施用量。项目开始前，抽样调研近 3 年的项目区肥料施用量。项目开始后，$BM_{SNs,i,p}$ 保持不变
数据来源	项目参与方
采用的数据	—
数据选择论证或测定方法和程序的描述	采用分层随机抽样的方法收集基准线情景下氮肥类型、单位面积氮肥施用量。监测的频率为每次肥料施用时进行监测，每年汇总一次
其他评论	在计入期之后保存 2 年

数据/参数	$B_{NC_{SN_p}}$
数据单位	t N/t 氮肥
描述	基准线情景下，氮肥类型 p 的含氮量
数据来源	项目参与方
采用的数据	—
数据选择论证或测定方法和程序的描述	氮肥中含氮量可从肥料包装标签的说明中获得或生产厂家的说明书中获得
其他评论	在计入期之后保存 2 年

数据/参数	$BM_{OFs,i,q}$
数据单位	t/hm^2
描述	基准线情景下分层 s、抽样地块 i、动物粪肥类型 q 的单位面积施用量。项目开始前，抽样调研近 3 年的项目区肥料施用量。项目开始后，$BM_{OFs,i,q}$ 保持不变
数据来源	项目参与方
采用的数据	—
数据选择论证或测定方法和程序的描述	采用分层随机抽样的方法收集基准线情景动物粪肥的类型、单位面积施用量。监测的频率为每次有机肥农田施用时进行监测，每年汇总一次
其他评论	在计入期之后保存 2 年

续表

数据/参数	$B_{NC_{OF_q}}$
数据单位	t N/t 动物粪肥
描述	基准线情景下，动物粪肥类型 q 的含氮量。项目开始前，通过实际制订或者文献确定 $B_{NC_{OF_q}}$ 的取值，项目开始后，此值不变
数据来源	项目参与方
采用的数据	—
数据选择论证或测定方法和程序的描述	如测定 $B_{NC_{OF_q}}$，需在具有资质的检测单位测定动物粪肥含氮量
其他评论	在计入期之后保存 2 年

数据/参数	GWP_{N_2O}
数据单位	—
描述	N_2O 的增温潜势
数据来源	IPCC 第四次评估报告中的默认值
采用的数据	298
数据选择论证或测定方法和程序的描述	IPCC 第四次评估报告中的默认值，或者任何 IPCC 清单指南或评估报告的更新版本
其他评论	在计入期之后保存 2 年

数据/参数	$P_{CFs,i,j,y}$
数据单位	t N/t 秸秆
描述	项目活动下第 y 年分层 s、抽样地块 i、作物类型 j 的秸秆含氮量
数据来源	参数附录：表 A-2
采用的数据	—
数据选择论证或测定方法和程序的描述	—
其他评论	在计入期之后保存 2 年

数据/参数	RG_j
数据单位	无量纲
描述	作物类型 j 的秸秆/作物产量比
数据来源	《省级温室气体清单编制指南(试行)》，见参数附录：表 A-2
采用的数据	—
数据选择论证或测定方法和程序的描述	—
其他评论	在计入期之后保存 2 年

数据/参数	DW_j
数据单位	无量纲
描述	作物类型 j 的秸秆干重比
数据来源	《省级温室气体清单编制指南(试行)》，见参数附录：表 A-2
采用的数据	—
数据选择论证或测定方法和程序的描述	—
其他评论	在计入期之后保存 2 年

续表

数据/参数	$B_{FC_{s,i,l,k}}$
数据单位	重量或者体积/hm^2
描述	基线情景下分层 s、抽样地块 i、农机类型 l 耕作单位面积农田时消耗的燃料类型 k 的量
数据来源	从农机生产厂商提供的农机类型 l 的说明书或农户调查中获得
采用的数据	—
数据选择论证或测定方法和程序的描述	—
其他评论	在计入期之后保存 2 年

数据/参数	$EF_{CO_2,k}$
数据单位	t CO$_2$/GJ
描述	k 型燃料的 CO$_2$ 排放因子
数据来源	2006 IPCC 国家 GHG 排放清单编制指南第 2 卷能源表 1.4，见参数附录：表 A-3
采用的数据	—
数据选择论证或测定方法和程序的描述	—
其他评论	在计入期之后保存 2 年

数据/参数	NCV_k
数据单位	GJ/重量或体积
描述	燃料类型 k 的净热值
数据来源	采用中国化石燃料的净热值推荐参数，见参数附录：表 A-3
采用的数据	—
数据选择论证或测定方法和程序的描述	—
其他评论	在计入期之后保存 2 年

2.10.7　需要监测的数据和参数

需要监测的数据和参数详见表 2-4。

表 2-4　需要监测的数据和参数

数据/参数	$SOC_{P,m,s,i}$
数据单位	g C/kg 土壤
描述	项目活动下第 m 次土壤有机质含量监测期分层 s、抽样地块 i 的土壤有机碳含量
数据来源	项目参与方
测定方法和过程	土壤样品的采集方法和保存依据《土壤检测 第 1 部分：土壤样品的采集、处理和贮存》（NY/T 1121.1—2006）测定方法依据《土壤检测 第 6 部分：土壤有机质的测定》（NY/T 1121.6—2006）
监测/记录的频率	土壤有机质监测的频率为每 3～5 年一次
采用的数据	
监测设备	测定仪器依据《土壤检测 第 6 部分：土壤有机质的测定》（NY/T 1121.6—2006）
QA/QC 程序	专家或有经验的技术人员负责采集土壤样品并由有资质的实验室测量有机质含量同一分层内土壤有机质含量应达到误差不超过 10%的精度要求（90%置信区间）。如果达不到这一精度要求，需增加抽样的样本量
计算方法	土壤有机碳=土壤有机质/1.724
其他评论	在计入期之后保存 2 年

数据/参数	$PA_{m,s}$
数据单位	hm^2
描述	项目活动下第 m 次土壤有机质含量监测期、分层 s、所有地块的总面积
数据来源	项目参与方
测定方法和过程	监测每一地块的地理坐标并计算其面积
监测/记录的频率	计入期内每次检测土壤有机碳时监测一次
采用的数据	—
监测设备	全球定位系统(GPS)、北斗卫星导航系统(Compass)或米尺
QA/QC 程序	—
计算方法	
其他评论	在计入期之后保存 2 年

数据/参数	$PM_{SNs,i,p,y}$
数据单位	t/hm^2
描述	项目活动下第 y 年分层 s、抽样地块 i、氮肥类型 p 的单位面积施用量
数据来源	项目参与方
测定方法和过程	施肥时由项目参与方记录施肥类型和施肥量
监测/记录的频率	每一次施肥时记录施肥类型和单位面积施用量
采用的数据	—
监测设备	根据包装袋的重量计算或者地秤
QA/QC 程序	—
计算方法	t 年氮肥类型 p 的施用总量
其他评论	在计入期之后保存 2 年

数据/参数	$P_{SN,s,i,p,y}$
数据单位	t N/t 化肥
描述	项目活动下第 y 年分层 s、抽样地块 i、施用的氮肥类型 p 的含氮量
数据来源	项目参与方
测定方法和过程	产品说明书或包装袋上的说明
监测/记录的频率	每次施肥时记录
采用的数据	—
监测设备	—
QA/QC 程序	当地化肥销售部门交叉核对
计算方法	—
其他评论	在计入期之后保存 2 年

数据/参数	$PM_{OFs,i,q,y}$
数据单位	t/hm^2
描述	项目活动下第 y 年分层 s、抽样地块 i、动物粪肥类型 q 的单位面积施用量
数据来源	项目参与方

续表

数据/参数	$PM_{OFs,i,q,y}$
测定方法和过程	施肥时由项目参与方记录动物粪肥施肥量
监测/记录的频率	每次施肥记录动物粪肥施用量
采用的数据	—
监测设备	根据动物粪肥的体积计算或者地秤
QA/QC 程序	—
计算方法	t 年动物粪肥 q 的施用总量
其他评论	在计入期之后保存 2 年

数据/参数	$P_{OFs,i,q,y}$
数据单位	t N/t 动物粪肥
描述	项目活动下第 y 年分层 s、抽样地块 i、施用的动物粪肥类型 q 的含氮量
数据来源	项目参与方
测定方法和过程	将采样样品送到具有资质的检测单位进行动物粪肥含氮量的测定，或根据文献中的数据获得
监测/记录的频率	如动物粪便成分和比例没有变化时，在项目计入期只检测一次
采用的数据	—
监测设备	—
QA/QC 程序	—
计算方法	—
其他评论	在计入期之后保存 2 年

数据/参数	$PG_{s,i,j,y}$
数据单位	t/hm²
描述	项目活动下第 y 年分层 s、抽样地块 i、作物类型 j 的单位面积产量
数据来源	项目参与方
测定方法和过程	项目参与方记录
监测/记录的频率	每次收割记录作物产量，每年汇总一次
采用的数据	—
监测设备	秤
QA/QC 程序	—
计算方法	根据每次记录的分层 s、抽样地块 i 上不同作物类型及其产量、抽样地块 i 的面积，计算不同抽样地块作物的单位面积产量
其他评论	在计入期之后保存 2 年

数据/参数	$PP_{CFs,i,j,y}$
数据单位	%
描述	项目活动下第 y 年分层 s、抽样地块 i、作物类型 j 的秸秆还田比例
数据来源	项目参与方
测定方法和过程	项目参与方记录

续表

数据/参数	$PP_{CFs,i,j,y}$
监测/记录的频率	每次秸秆还田时记录，每年汇总一次
采用的数据	—
监测设备	—
QA/QC 程序	—
计算方法	项目参与方估算不同作物的秸秆还田比例
其他评论	在计入期之后保存 2 年

数据/参数	$P_{FCs,i,j,k,y}$
数据单位	重量或体积/hm^2
描述	项目活动下第 y 年分层 s、抽样地块 i、使用农机类型 l 耕作单位面积消耗的燃料类型 k 的量
数据来源	项目参与方
测定方法和过程	项目参与方记录
监测/记录的频率	每次使用农机耕作时进行记录使用农机的类型和耗油量，每年汇总一次
采用的数据	—
监测设备	—
QA/QC 程序	与农机说明书的耗油量进行交叉核对
计算方法	根据每次记录的农机的类型、耗油量和分层 s、抽样地块 i 的面积，计算不同农机具使用的燃油类型单位面积消耗量
其他评论	在计入期之后保存 2 年

第3章 农田氮肥管理氧化亚氮减排项目方法学

氧化亚氮(N_2O)是重要的温室气体,氮肥施用是农业活动产生 N_2O 的重要排放源。减少氮肥的施用量、提高氮素利用率、减少氮素以 N_2O 形式排放到大气当中,是控制农业活动造成 N_2O 排放的重要途径。该方法学适用于所有采用测土配方施肥、施用新型肥料(如缓释肥)和添加硝化抑制剂,能够用于减少 N_2O 排放的农田氮肥管理措施相关项目产生的减排量的监测与核算。

3.1 规范性引用文件

(1)IPCC 2006 年发布《2006 年 IPCC 国家温室气体清单指南》;

(2)UNFCCC 2012 年发布,清洁发展机制.工具 19:CDM 微型项目活动额外性论证指南(V9.0)[①];

(3)UNFCCC 2015 年发布,清洁发展机制.CDM-EB67-A06-GUID.CDM 项目活动和规划类项目抽样与调查指南(V4.0)[②];

(4)VCS 方法学:通过降低氮肥施用量减少农田 N_2O 排放方法学(VM0022-V1.1),2013[③];

(5)国家发展和改革委员会,2006 年发布,保护性耕作减排增汇项目方法学(版本号 CMS-083-V01)[④]。

3.2 适 用 条 件

本方法学适用于所有采用测土配方施肥、施用新型肥料(如缓释肥)和添加硝化抑制剂,能够减少 N_2O 排放的农田氮肥管理措施。

(1)项目开始时土地利用方式为农田;

(2)项目开始前农田的施肥方式为当地常规施肥方式;

(3)项目不能在有机土壤上实施;

(4)项目活动如果涉及保护性耕作,土壤碳储量变化的核算方法可采用"保护性耕作减排增汇项目方法学(CMS-083-V01)",也可以为了简化不考虑土壤碳储量的变化。

---

① 联合国气候变化框架公约清洁发展机制.2018.工具 19:CDM 微型项目活动额外性论证(Uersion 09.0)

② 联合国气候变化框架公约清洁发展机制.2015.CDM-EB67-A06-GUID.CDM 项目活动和规划类项目抽样与调查指南(Version 04.0)

③ http://verra.org/wp-content/uploads/2018/03/VM0022-V1.1-Methodology-for-N-Fertilizer-Rate-Reduction.pdf

④ 政府间气候变化专门委员会(IPCC).2006.2006 年 IPCC 国家温室气体清单指南

3.3 定　　义

化肥：含氮合成肥料(包括固态、液态和气态)，可以是单一营养元素的肥料(如只包括 N)，也可以是复合肥(如氮-磷-钾肥复合肥)以及促进氮肥利用率的肥料(如缓释肥、控释肥和添加硝化抑制剂的肥料)。

有机肥：含氮的有机肥料，包括动物粪肥和堆肥。

直接 N_2O 排放：施用含氮肥料后，农田产生的 N_2O 排放。

间接 N_2O 排放：含氮肥料施用到农田后，以 NH_3 和 NO_x 形式挥发到大气中，然后通过干湿沉降回到土壤和水体，或者是通过径流排泄到河流，或者渗漏到地下水，造成的施肥农田以外的 N_2O 排放。

项目边界：是指项目参与方(项目业主)实施的氮肥管理 N_2O 减排项目活动的地理范围。一个项目活动可在若干个不同的地块上进行，但每个地块应有特定的地理边界。项目边界包括事前项目边界和事后项目边界。

事前项目边界：是在项目设计和开发阶段确定的项目边界，是计划实施项目活动的边界。

事后项目边界：是在项目活动开始后经过核实的实际项目活动边界。

3.4 项 目 边 界

"项目边界"包括项目参与方实施肥料管理的农田所在地理位置。该项目活动可在一个或多个的独立地块进行。每个独立的地块都具有具体的地理坐标。"项目边界"不包括施肥后氮沉降、径流和渗漏等间接 N_2O 排放所涉及的地理位置。在基线情景和项目活动下包括的碳库见表 3-1，排放源见表 3-2。

表 3-1　在基线情景和项目活动下碳库的选择

碳库种类	包括/不包括	理由/说明
地上部木本生物量	不包括	不涉及
地下部木本生物量	不包括	不涉及
一年生农作物生物量	不包括	一年生农作物生物量将在短时间内分解并以 CO_2 的形式排放到大气中，因此可以忽略
枯木	不包括	不涉及
枯枝落叶	不包括	一年生作物枯落物将在短时间内分解并以 CO_2 的形式排放到大气中，因此可以忽略
土壤有机碳	包括	采用秸秆还田措施时会引起土壤有机碳库的变化

表 3-2　基线情景和项目活动中不包括或包括的温室气体排放源和种类

排放源	气体	不包括/包括	理由/说明
施用化肥直接 N_2O 排放	CO_2	不包括	不适用
	CH_4	不包括	不适用
	N_2O	包括	此排放源主要排放的气体
施用化肥间接 N_2O 排放	CO_2	不包括	不适用
	CH_4	不包括	不适用
	N_2O	包括	此排放源主要排放的气体
施用有机肥直接 N_2O 排放	CO_2	不包括	不适用
	CH_4	不包括	不适用
	N_2O	包括	此排放源主要排放的气体
施用有机肥间接 N_2O 排放	CO_2	不包括	不适用
	CH_4	不包括	不适用
	N_2O	包括	此排放源主要排放的气体
秸秆还田直接 N_2O 排放	CO_2	不包括	不适用
	CH_4	不包括	不适用
	N_2O	包括	此排放源主要排放的气体
秸秆还田直接 N_2O 排放	CO_2	不包括	不适用
	CH_4	不包括	不适用
	N_2O	包括	此排放源主要排放的气体

3.5　项目活动开始日期和计入期

项目活动开始日期是指实施项目活动的开始日期。项目活动开始日期应依据国家有关自愿减排项目开始日期的最新规定。如果项目活动开始日期早于向国家气候变化主管部门提交项目备案的日期，项目参与方须提供透明和可核实的证据，证明减排增汇是项目活动最初的主要目的。这些证据须是发生在项目开始日之前的、官方的或有法律效力的文件。

计入期是指，项目活动开始后(或备案后)，相对于基准线情景，项目活动产生温室气体减排量的计入周期。项目的计入期为 10 年。

3.6　基准线情景识别和额外性论证

项目参与方可通过下述程序，识别和确定项目活动的基准线情景，并论证项目活动的额外性：

减排量小于 20000 t CO_2 eq 的氮肥管理 N_2O 减排项目可以免除额外性论证，项目所在区域项目开始时的肥料管理方式即为基准线情景：

对于减排量在 20000~60000 t CO_2 eq 项目，参与方需论证项目活动情景是否为普遍性实践。项目参与方须证明拟议项目活动与项目区域普遍实施的耕作方式具有本质的差异，即拟议项目活动不是普遍性实践。如果具有类似的肥料管理措施，项目参与方可以提供证明文件，证明当地实施的肥料管理措施是政府支持的示范项目、国际援助项目等，而拟议项目不具备这些条件，则可证明拟议项目活动不是普遍性实践。

项目活动一旦被论证不是普遍性实践，即认定在其计入期内具有额外性。此时，基准线情景为当地现有的肥料管理情景。即在计入期内不采取任何减少氮肥施用的技术措施。

如果项目活动情景具有普遍性，项目参与方需提供说明，如果存在下列障碍之一，则拟议项目活动将无法开展，因而具备额外性。

(1) 资金障碍：项目活动下的肥料管理方式造成较高的生产投入。

(2) 技术障碍：缺乏肥料管理的详细信息，缺乏技术人员指导农民开展减肥增效的肥料管理技术。

(3) 其他障碍：如信息障碍、机制/体制障碍、组织/管理能力障碍等导致的较高的项目活动温室气体排放。

3.7 分　　层

项目边界内可能包括不同的种植制度、农田水肥管理措施以及不同的土壤条件。为了使层内均一性增加、降低监测成本，需要对基准线情景和项目情景下的地块进行分层。分层包括基准线情景分层和项目分层。

(1) 基准线情景分层：项目参与方须根据现有种植制度、农田水肥管理措施等对基准线情景进行分层。

(2) 项目分层：包括事前项目分层和事后项目分层。事前项目分层用于项目减排增汇的事前计量，主要是根据保护性耕作类型、种植制度、农田水肥管理措施等划分。事后项目分层用于项目减排增汇的事后监测和核算。

3.8 温室气体减排量计算

3.8.1 基线排放

施肥所造成的基线 N_2O 排放包括两部分：肥料施用中所产生的直接和间接 N_2O 排放，计算方法见式(3-1)。肥料类型包括化肥、有机肥和秸秆还田中氮的投入。

$$BE_{N_2O} = BE_{D,N_2O} + BE_{ID,N_2O} \tag{3-1}$$

式中，BE_{N_2O} 为基线 N_2O 总排放，t CO_2eq；BE_{D,N_2O} 为基线直接 N_2O 排放，t CO_2eq；BE_{ID,N_2O} 为基线间接 N_2O 排放，t CO_2eq。

1. 基线情景下施肥导致的直接 N_2O 排放

采用 IPCC 推荐的方法估算施肥造成的基线直接 N_2O 排放（BE_{D,N_2O}），可通过式

(3-2)计算：

$$
\begin{aligned}
BE_{D,N_2O} = GWP_{N_2O} \times CF_{N_2O-N,N} \times \Big[&\left(BF_{SN} + BF_{ON} + BF_{CN} \right) \times EF_1 \\
&+ \left(BF_{SN,FR} + BF_{ON,FR} + BF_{CN,FR} \right) \times EF_{1,FR} \Big]
\end{aligned}
\tag{3-2}
$$

式中，GWP_{N_2O} 为 N_2O 的全球增温潜势，t CO_2eq/t N_2O；$CF_{N_2O-N,N}$ 为 N_2O-N 对 N_2O 的转化因子(44/28)；BF_{SN} 为基线情景下旱地农田化肥施用量，t N；BF_{ON} 为基线情景下旱地农田有机肥施用量，t N；BF_{CN} 为基线情景下旱地农田秸秆还田量，t N；EF_1 为旱地农田中氮肥 N_2O 排放因子，t N_2O-N/t 氮肥中的 N；$BF_{SN,FR}$ 为在 t 年中，基线情景下稻田化肥施用量，t N；$BF_{ON,FR}$ 为在 t 年中，基线情景下稻田有机肥施用量，t N；$BF_{CN,FR}$ 为在 t 年中，基线情景下稻田秸秆还田量，t N；$EF_{1,FR}$ 为稻田中氮肥 N_2O 排放因子，t N_2O-N/t 氮肥中的 N。

1) 基线情景下旱地农田化肥施用量的计算见式(3-3)

$$
BF_{SN} = \sum_{s=1}^{S} \left[\frac{\sum_{i=1}^{I_s} \sum_{p=1}^{P} BM_{SNs,i,p} \times B_{NC_{SNp}}}{I_s} \times BA_s \right]
\tag{3-3}
$$

式中，BF_{SN} 为基线情景下无机氮肥施用量，t N；$BM_{SNs,i,p}$ 为基线情景下分层 s、抽样地块 i、旱地单位面积施用无机氮肥类型 p 的量，t/hm^2；$B_{NC_{SNp}}$ 为无机氮肥类型 p 的含氮量，t N/t 化肥；BA_s 为基线情景下分层 s 所有旱地地块的总面积，hm^2；p 为无机氮肥类型；I_s 为基线情景下分层 s 的所有旱地抽样地块总数，块；i 为抽样地块；s 为分层。

2) 基线情景下旱地农田有机肥施用量的计算见式(3-4)

$$
BF_{ON} = \sum_{s=1}^{S} \left[\frac{\sum_{i=1}^{I_s} \sum_{q=1}^{Q} BM_{ONs,i,q} \times B_{NC_{ONq}}}{I_s} \times BA_s \right]
\tag{3-4}
$$

式中，BF_{ON} 为基线情景下有机肥施用量，t N；$BM_{ONs,i,q}$ 为基线情景下分层 s、抽样地块 i、旱地单位面积使用有机肥类型 q 的量，t/hm^2；$B_{NC_{ONq}}$ 为有机肥类型 q 的含氮量，t N/(t 有机肥)；q 为有机肥类型。

3) 基线情景下旱地农田秸秆还田量的计算见式(3-5)

$$
BF_{CN} = \sum_{s=1}^{S} \left[\frac{\sum_{i=1}^{I_s} \sum_{c=1}^{C} BM_{CNs,i,c} \times B_{NC_{CNc}}}{I_s} \times BA_s \right]
\tag{3-5}
$$

式中，BF_{CN} 为基线情景下秸秆还田量，t N；$BM_{CNs,i,c}$ 为基线情景下分层 s、抽样地块 i、旱地作物类型 c 的单位面积秸还田量，t/hm^2；$B_{NC_{CNc}}$ 为作物类型 c 的秸秆含氮量，t N/(t 秸秆)；c 为秸秆类型。

4)基线情景下旱地农田秸秆还田量的计算见式(3-6)

$$\mathrm{BM}_{\mathrm{CN}s,i,c} = \mathrm{BG}_{s,i,c} \times \mathrm{RG}_c \times \mathrm{DW}_c \times \mathrm{BP}_{s,i,c} \tag{3-6}$$

式中，$\mathrm{BG}_{s,i,c}$ 为基线情景下分层 s、抽样地块 i、作物类型 c 的单位面积籽粒产量，t/hm²；RG_c 为作物类型 c 的秸秆/作物产量比，无量纲；DW_c 为作物类型 c 的秸秆干重比，无量纲；$\mathrm{BP}_{s,i,c}$ 为基线情景下分层 s、抽样地块 i、作物类型 c 的秸秆还田比例，%；c 为作物类型。

5)基线情景下稻田化肥施用量的计算式(3-7)

$$\mathrm{BF}_{\mathrm{SN,FR}} = \sum_{s=1}^{S} \left[\frac{\sum\limits_{i=1}^{I_s}\sum\limits_{p=1}^{P} \mathrm{BM}_{\mathrm{SN}s,i,p,\mathrm{FR}} \times B_{\mathrm{NC}_{\mathrm{SN}p}}}{I_{s,\mathrm{FR}}} \times \mathrm{BA}_{s,\mathrm{FR}} \right] \tag{3-7}$$

式中，$\mathrm{BF}_{\mathrm{SN,FR}}$ 为基线情景下稻田无机氮肥施用量，t N；$\mathrm{BM}_{\mathrm{SN}s,i,p,\mathrm{FR}}$ 为基线情景下分层 s、抽样地块 i、稻田单位面积施用无机氮肥类型 p 的量，t/hm²；$B_{\mathrm{NC}_{\mathrm{SN}p}}$ 为无机氮肥类型 p 的含氮量，t N/t 化肥；$\mathrm{BA}_{s,\mathrm{FR}}$ 为基准线情景下分层 s 所有稻田地块的总面积，hm²；p 为无机氮肥类型；$I_{s,\mathrm{FR}}$ 为基准线情景下分层 s 的所有稻田抽样地块总数，块；i 为抽样地块；s 为分层。

6)基线情景下稻田有机肥施用量的计算式(3-8)

$$\mathrm{BF}_{\mathrm{ON,FR}} = \sum_{s=1}^{S} \left[\frac{\sum\limits_{i=1}^{I_s}\sum\limits_{q=1}^{Q} \mathrm{BM}_{\mathrm{ON}s,i,q,\mathrm{FR}} \times B_{\mathrm{NC}_{\mathrm{ON}q}}}{I_{s,\mathrm{FR}}} \times \mathrm{BA}_{s,\mathrm{FR}} \right] \tag{3-8}$$

式中，$\mathrm{BF}_{\mathrm{ON,FR}}$ 为基准线情景下稻田有机肥施用量，t N；$\mathrm{BM}_{\mathrm{ON}s,i,q,\mathrm{FR}}$ 为基准线情景下分层 s、抽样地块 i、稻田单位面积使用有机肥类型 q 的量，t/hm²；$B_{\mathrm{NC}_{\mathrm{ON}q}}$ 为基线情景下有机肥类型 q 的含氮量，t N/t 有机肥；q 为有机肥类型。

7)基线情景下稻田秸秆还田量的计算式(3-9)

$$\mathrm{BF}_{\mathrm{CN,FR}} = \sum_{s=1}^{S} \left[\frac{\sum\limits_{i=1}^{I_s}\sum\limits_{c=1}^{C} \mathrm{BM}_{\mathrm{CN}s,i,c,\mathrm{FR}} \times B_{\mathrm{NC}_{\mathrm{CN}c}}}{I_{s,\mathrm{FR}}} \times \mathrm{BA}_{s,\mathrm{FR}} \right] \tag{3-9}$$

式中，$\mathrm{BF}_{\mathrm{CN,FR}}$ 为基准线情景下稻田秸秆还田量，t N；$\mathrm{BM}_{\mathrm{CN}s,i,c,\mathrm{FR}}$ 为基准线情景下分层 s、抽样地块 i、稻田单位面积秸秆类型 c 的还田量，t/hm²；$B_{\mathrm{NC}_{\mathrm{CN}c}}$ 为秸秆类型 c 的含氮量，t N/t 秸秆；c 为秸秆类型。

8)基线情景下稻田秸秆还田量的计算见式(3-10)

$$\mathrm{BM}_{\mathrm{CN}s,i,c,\mathrm{FR}} = \mathrm{BG}_{s,i,c,\mathrm{FR}} \times \mathrm{RG}_{c,\mathrm{FR}} \times \mathrm{DW}_{c,\mathrm{FR}} \times \mathrm{BP}_{s,i,c,\mathrm{FR}} \tag{3-10}$$

式中，$\mathrm{BG}_{s,i,c,\mathrm{FR}}$ 为基线情景下分层 s、抽样地块 i、作物类型 c 的单位面积籽粒产量，t/hm²；

$RG_{c,FR}$ 为作物类型 c 的秸秆/作物产量比, 无量纲; $DW_{c,FR}$ 为作物类型 c 的秸秆干重比, 无量纲; $BP_{s,i,c,FR}$ 为基线情景下分层 s、抽样地块 i、作物类型 c 的秸秆返还到稻田比例, %。

2. 基线情景下施肥导致的间接 N_2O 排放

采用 IPCC 推荐的方法估算施肥 NH_3 和 NO_x 气体挥发造成的间接 N_2O 排放 (BE_{ID,vol,N_2O}) 和施肥后 N 的径流和淋溶造成的间接 N_2O 排放 ($BE_{ID,runoff,N_2O}$)。可通过式 (3-11) 计算:

$$BE_{ID,N_2O} = BE_{ID,vol,N_2O} + BE_{ID,runoff,N_2O} \qquad (3-11)$$

式中, BE_{ID,N_2O} 为基线情景下施肥导致的间接 N_2O 排放, $t\ CO_2$; BE_{ID,vol,N_2O} 为基线情景下施肥 NH_3 和 NO_x 气体挥发造成的间接 N_2O 排放, $t\ CO_2$; $BE_{ID,runoff,N_2O}$ 为基线情景下淋溶和径流造成的间接 N_2O 排放, $t\ N_2O$。

1) 施肥 NH_3 和 NO_x 气体挥发造成的间接 N_2O 排放

采用 IPCC 推荐的方法估算施肥 NH_3 和 NO_x 气体挥发造成的间接 N_2O 排放 (BE_{ID,vol,N_2O})。可通过式 (3-12) 计算:

$$BE_{ID,vol,N_2O} = GWP_{N_2O} \times CF_{N_2O-N,N} \times \left\{ \left[(BF_{SN} + BF_{SN,FR}) \times Frac_{GASF} \right. \right. \\ \left. \left. + (BF_{ON} + BF_{ON,FR}) \times Frac_{GASM} \right] \times EF_4 \right\} \qquad (3-12)$$

式中, EF_4 为氮沉降到土壤或者水体上的 N_2O 排放因子, $t\ N_2O-N/t$ 沉降的 N; $Frac_{GASF}$ 为化肥以 NH_3 和 NO_x 气体挥发的比例, %; $Frac_{GASM}$ 为有机肥以 NH_3 和 NO_x 气体挥发的比例, %。其他参数含义参见式 (3-2)。

2) 淋溶和径流造成的间接 N_2O 排放

采用 IPCC 推荐的方法估算施肥后 N 的径流和淋溶造成的间接 N_2O 排放 ($BE_{ID,runoff,N_2O}$)。在降水量小于蒸发量的地区不计算淋溶和径流造成的间接 N_2O 排放。可通过式 (3-13) 计算:

$$BE_{ID,runoff,N_2O} = GWP_{N_2O} \times CF_{N_2O-N,N} \\ \times \left\{ \left[(BF_{SN} + BF_{SN,FR} + BF_{ON} + BF_{ON,FR} + BF_{CN} + BF_{CN,FR}) \times Frac_{LEACH} \right] \times EF_5 \right\} \qquad (3-13)$$

式中, EF_5 为 N 的径流和淋溶 N_2O 排放因子, $t\ N_2O-N/t$ 淋溶和径流的 N; $Frac_{LEACH}$ 为淋溶的比例, %。其他参数含义参见式 (3-2)。

3.8.2 项目活动排放

施肥所造成的项目 N_2O 排放包括两部分: 肥料施用中所产生的直接和间接 N_2O 排放, 计算方法见式 (3-14)。肥料类型包括化肥、有机肥和秸秆还田中氮的投入。

$$PE_{N_2O,t} = PE_{D,N_2O,t} + PE_{ID,N_2O,t} \qquad (3-14)$$

式中, $PE_{N_2O,t}$ 为第 t 年项目活动 N_2O 总排放, $t\ CO_2e$; $PE_{D,N_2O,t}$ 为第 t 年项目活动直接 N_2O 排放, $t\ CO_2eq$; $PE_{ID,N_2O,t}$ 为第 t 年项目活动间接 N_2O 排放, $t\ CO_2eq$。

1. 项目活动施肥导致的直接 N_2O 排放

采用 IPCC 推荐的方法估算施肥造成的项目活动直接 N_2O 排放（$PE_{D,N_2O,t}$），可通过式（3-15）计算：

$$PE_{D,N_2O,t} = GWP_{N_2O} \times CF_{N_2O-N,N} \times \left[\left(PF_{SN,t} + PF_{ON,t} + PF_{CN,t} \right) \times EF_1 \right.$$
$$\left. + \left(PF_{SN,FR,t} + PF_{ON,FR,t} + PF_{CN,FR,t} \right) \times EF_{1,FR} \right] \tag{3-15}$$

式中，$PF_{SN,t}$ 为第 t 年项目活动下旱地农田化肥施用量，t N；$PF_{ON,t}$ 为第 t 年项目活动下旱地农田有机肥施用量，t N；$PF_{CN,t}$ 为第 t 年项目活动下旱地农田秸秆还田量，t N；EF_1 为旱地农田中氮肥 N_2O 排放因子，t N_2O-N/ t 氮肥中的 N；$PF_{SN,FR,t}$ 为第 t 年项目活动下稻田化肥施用量，t N；$PF_{ON,FR,t}$ 为第 t 年项目活动下稻田有机肥施用量，t N；$PF_{CN,FR,t}$ 为第 t 年项目活动下稻田秸秆还田量，t N；$EF_{1,FR}$ 为稻田中氮肥 N_2O 排放因子，t N_2O-N/ t 氮肥中的 N。

1) 项目活动下旱地农田化肥施用量的计算见式（3-16）

$$PF_{SN,t} = \sum_{s=1}^{S} \left[\frac{\sum_{i=1}^{I_s} \sum_{p=1}^{P} PM_{SNs,i,p,t} \times P_{NC_{SNp}}}{I_{s,t}} \times PA_{s,t} \right] \tag{3-16}$$

式中，$PF_{SN,t}$ 为第 t 年项目活动下无机氮肥施用量，t N；$PM_{SNs,i,p,t}$ 为第 t 年项目活动下分层 s、抽样地块 i、单位面积施用无机氮肥类型 p 的量，t/hm^2；$P_{NC_{SNp}}$ 为项目活动下无机氮肥类型 p 的含氮量，t N/t 化肥；$PA_{s,t}$ 为第 t 年项目活动下分层 s 所有旱地地块的总面积，hm^2；p 为无机氮肥类型；$I_{s,t}$ 为第 t 年项目活动下分层 s 的所有旱地抽样地块总数，块；i 为抽样地块；s 为分层。

2) 项目活动下旱地农田有机肥施用量的计算见式（3-17）

$$PF_{ON,t} = \sum_{s=1}^{S} \left[\frac{\sum_{i=1}^{I_s} \sum_{q=1}^{Q} PM_{ONs,i,q,t} \times P_{NC_{ONq}}}{I_{s,t}} \times PA_{s,t} \right] \tag{3-17}$$

式中，$PF_{ON,t}$ 为第 t 年项目活动下有机肥施用量，t N；$PM_{ONs,i,q,t}$ 为第 t 年项目活动下分层 s、抽样地块 i、单位面积使用有机肥类型 q 的量，t/hm^2；$P_{NC_{ONq}}$ 为项目活动下有机肥类型 q 的含氮量，t N/（t 有机肥）；q 为有机肥类型。

3) 项目活动下旱地农田秸秆还田量的计算见式（3-18）

$$PF_{CN,t} = \sum_{s=1}^{S} \left[\frac{\sum_{i=1}^{I_s} \sum_{c=1}^{C} PM_{CNs,i,c,t} \times P_{NC_{CNc}}}{I_{s,t}} \times PA_{s,t} \right] \tag{3-18}$$

式中，$PF_{CN,t}$ 为第 t 年项目活动下秸秆还田量，t N；$PM_{CNs,i,c,t}$ 为第 t 年项目活动下分层 s、抽样地块 i、位面积秸秆类型 c 的还田量，t/hm^2；$P_{NC_{CNc}}$ 为项目活动下秸秆类型 c 的含氮量，t N/t 秸秆；c 为秸秆类型。

4）项目活动下旱地农田秸秆还田量的计算见式（3-19）

$$PM_{CNs,i,c,t} = PG_{s,i,c,t} \times RG_c \times DW_c \times PP_{s,i,c,t} \tag{3-19}$$

式中，$PM_{CNs,i,c,t}$ 为第 t 年项目活动下分层 s、抽样地块 i、作物类型 c 的单位面积籽粒产量，t/hm^2；RG_c 为作物类型 c 的秸秆/作物产量比，无量纲；DW_c 为作物类型 c 的秸秆干重比，无量纲；$PP_{s,i,c,t}$ 为第 t 年项目活动下分层 s、抽样地块 i、作物类型 c 的秸秆还田比例，%；c 为作物类型。

5）项目活动下稻田化肥施用量的计算见式（3-20）

$$PF_{SN,FR,t} = \sum_{s=1}^{S} \left[\frac{\sum_{i=1}^{I_s} \sum_{p=1}^{P} PM_{SNs,i,p,FR,t} \times P_{NC_{SNp}}}{I_{s,FR,t}} \times PA_{s,FR,t} \right] \tag{3-20}$$

式中，$PF_{SN,FR,t}$ 为第 t 年项目活动下稻田无机氮肥施用量，t N；$PM_{SNs,i,p,FR,t}$ 为第 t 年项目活动下分层 s、抽样地块 i、稻田单位面积施用无机氮肥类型 p 的量，t/hm^2；$P_{NC_{SNp}}$ 为无机氮肥类型 p 的含氮量，t N/t 化肥；$PA_{s,FR,t}$ 为第 t 年项目活动下分层 s 所有稻田地块的总面积，hm^2；p 为无机氮肥类型；$I_{s,FR,t}$ 为第 t 年项目活动下分层 s 的所有稻田抽样地块总数，块；i 为抽样地块；s 为分层。

6）项目活动下稻田有机肥施用量的计算见式（3-21）

$$PF_{ON,FR,t} = \sum_{s=1}^{S} \left[\frac{\sum_{i=1}^{I_s} \sum_{q=1}^{Q} PM_{ONs,i,q,FR,t} \times P_{NC_{ONq}}}{I_{s,FR,t}} \times PA_{s,FR,t} \right] \tag{3-21}$$

式中，$PF_{ON,FR,t}$ 为第 t 年项目活动下稻田有机肥施用量，t N；$PM_{ONs,i,q,FR,t}$ 为第 t 年项目活动下分层 s、抽样地块 i、稻田单位面积使用有机肥类型 q 的量，t/hm^2；$P_{NC_{ONq}}$ 为项目活动下有机肥类型 q 的含氮量，t N/t 有机肥；q 为有机肥类型。

7）项目活动下稻田秸秆还田量的计算见式（3-22）

$$PF_{CN,FR,t} = \sum_{s=1}^{S} \left[\frac{\sum_{i=1}^{I_s} \sum_{c=1}^{C} PM_{CNs,i,c,FR,t} \times P_{NC_{CNc}}}{I_{s,FR,t}} \times PA_{s,FR,t} \right] \tag{3-22}$$

式中，$PF_{CN,FR,t}$ 为第 t 年项目活动下稻田秸秆还田量，t N；$PM_{CNs,i,c,FR,t}$ 为第 t 年项目活动下分层 s、抽样地块 i、稻田单位面积秸秆类型 c 的还田量，t/hm^2；$P_{NC_{CNc}}$ 为项目活动下秸秆类型 c 的含氮量，t N/t 秸秆；c 为秸秆类型。

8) 项目活动下稻田秸秆还田量的计算见式(3-23)

$$PM_{CNs,i,c,FR,t} = PG_{s,i,c,FR,t} \times RG_c \times DW_c \times PP_{s,i,c,FR,t} \tag{3-23}$$

式中，$PG_{s,i,c,FR,t}$ 为第 t 年项目活动下分层 s、抽样地块 i、作物类型 c 的单位面积籽粒产量，t/hm^2；RG_c 为作物类型 c 的秸秆/作物产量比，无量纲；DW_c 为作物类型 c 的秸秆干重比，无量纲；$PP_{s,i,c,FR,t}$ 为第 t 年项目活动下分层 s、抽样地块 i、作物类型 c 的秸秆返还到稻田比例，%。

2. 项目活动下施肥导致的间接 N_2O 排放

采用 IPCC 推荐的方法估算施肥 NH_3 和 NO_x 气体挥发造成的间接 N_2O 排放（$PE_{ID,vol,N_2O,t}$）和施肥后 N 的径流和淋溶造成的间接 N_2O 排放（$PE_{ID,runoff,N_2O,t}$）。可通过式(3-24)计算：

$$PE_{ID,N_2O,t} = PE_{ID,vol,N_2O,t} + PE_{ID,runoff,N_2O,t} \tag{3-24}$$

式中，$PE_{ID,N_2O,t}$ 为第 t 年项目活动下施肥导致的间接 N_2O 排放，$t\ CO_2$；$PE_{ID,vol,N_2O,t}$ 为第 t 年项目活动下施肥 NH_3 和 NO_x 气体挥发造成的间接 N_2O 排放，$t\ CO_2$；$PE_{ID,runoff,N_2O,t}$ 为第 t 年项目活动下淋溶和径流造成的间接 N_2O 排放，$t\ CO_2$。

1) 项目活动下施肥 NH_3 和 NO_x 气体挥发造成的间接 N_2O 排放

采用 IPCC 推荐的方法估算施肥 NH_3 和 NO_x 气体挥发造成的间接 N_2O 排放（$PE_{ID,vol,N_2O,t}$）。可通过式(3-25)计算：

$$\begin{aligned} PE_{ID,vol,N_2O,t} = GWP_{N_2O} \times CF_{N_2O-N,N} \\ \times \left\{ \left[\left(PF_{SN,t} + PF_{SN,FR,t} \right) \times Frac_{GASF} + \left(PF_{ON,t} + PF_{ON,FR,t} \right) \times Frac_{GASM} \right] \times EF_4 \right\} \end{aligned}$$
$$\tag{3-25}$$

式中，EF_4 为氮沉降到土壤或者水体上的 N_2O 排放因子，$t\ N_2O\text{-}N/\ t$ 沉降的 N；$Frac_{GASF}$ 为化肥以 NH_3 和 NO_x 气体挥发的比例，%；$Frac_{GASM}$ 为有机肥以 NH_3 和 NO_x 气体挥发的比例，%。其他参数含义参见式(3-15)。

2) 淋溶和径流造成的间接 N_2O 排放

采用 IPCC 推荐的方法估算施肥后 N 的径流和淋溶造成的间接 N_2O 排放（$PE_{ID,runoff,N_2O,t}$）。在降水量小于蒸发量的地区不计算淋溶和径流造成的间接 N_2O 排放。可通过式(3-26)计算：

$$\begin{aligned} PE_{ID,runoff,N_2O,t} = GWP_{N_2O} \times CF_{N_2O-N,N} \\ \times \left\{ \left[\left(PF_{SN} + PF_{SN,FR} + PF_{ON} + PF_{ON,FR} + PF_{CN} + PF_{CN,FR} \right) \times Frac_{LEACH} \right] \times EF_5 \right\} \end{aligned}$$
$$\tag{3-26}$$

式中，EF_5 为 N 的径流和淋溶 N_2O 排放因子，$t\ N_2O\text{-}N/\ t$ 淋溶和径流的 N；$Frac_{LEACH}$ 为淋溶的比例，%。其他参数含义参见式(3-15)。

3.8.3　泄漏

测土配方施肥、缓释肥和控释肥的施用减少了化肥用量，但并不引起项目边界外地块化肥用量的增加，项目边界外的其他农户还可能因项目的影响也采用合理的施肥管理措施，降低项目边界外农田 N_2O 的排放。因此本方法学不考虑泄漏排放。

3.8.4　减排量的计算

项目活动的年温室气体减排量可使用下述式(3-27)计算：

$$\Delta R_t = BE_{N_2O} - PE_{N_2O,t} \tag{3-27}$$

式中，ΔR_t 为第 t 年的年总温室气体减排量，$t\ CO_2eq$。

3.9　监测方法学

本方法学涉及的所有监测数据须按相关标准进行监测和测定。监测的主要参数包括项目活动所涉及的地块面积、单位面积化肥用量及肥料含氮量、单位面积有机肥用量及肥料含氮量、作物产量、秸秆还田比例等。监测过程中收集的所有数据都须以电子版和纸质方式存档，直到计入期结束后至少两年。

3.9.1　项目边界的监测

监测方法和步骤如下：

(1)采用全球定位系统(GPS)、北斗卫星导航系统(Compass)或其他卫星导航系统，测定项目所有地块边界线的拐点坐标，或者使用大比例尺地形图(比例尺不小于1:10000)进行现场勾绘，结合 GPS、Compass 等定位系统进行精度控制；

(2)核对实际边界坐标是否与项目设计文件中描述的边界一致；

(3)如果实际边界位于项目设计文件描述的边界之外，则超出部分将不计入项目边界内；

(4)将测定的拐点坐标或项目边界输入地理信息系统，计算项目地块及各分层的面积。

3.9.2　抽样设计

1. 抽样样本数的确定

首先，对项目涉及的所有地块按照不同的耕作方式、种植制度、水肥管理措施、土壤类型等进行分层；对每一分层的所有地块进行编号。然后，采用分层随机抽样的方法抽取基准线情景和项目活动下的监测地块。地块抽样比例为地块总数的 5%，如果每一分层的抽样样本地块数少于 30 块，则按 30 块抽取。如果某一分层的地块总数小于 30块，则需要监测该分层所有地块。抽样地块数量应满足置信区间为 95%时该参数的误差不超过 10%的精度要求。

2. 抽样时间

对于基线情景下各个参数的监测，抽样时间为项目开始时确定监测的地块。在项目活动下，化肥、有机肥和秸秆还田量监测的抽样时间定于上年年底(例如，2019 年年底确定 2020 年的监测地块)。

3. 根据抽样样本计算减排量

抽样样本精度计算步骤见3.10节。如果抽样的监测结果能够满足方法学的精度要求，则由抽样样本计算的减排量为项目的最终减排量。如果抽样的监测结果不能满足方法学的精度要求，项目参与方需要采用打折的方法计算项目的减排增汇量(3.10 节)。

3.9.3 参数的监测

在项目开始前，进行层内随机抽样，调研基准线情景下：①无机氮肥类型、无机氮肥单位面积施用量以及氮肥含氮量；②有机肥的类型、有机肥单位面积施用量以及有机肥含氮量；③项目活动下地块的作物类型、秸秆还田量和秸秆含氮量等数据。项目备案后，在项目计入期内基准线情景下氮素施入量不变。

在项目活动下，进行层内随机抽样，监测项目活动下的抽样地块的参数：①无机氮肥类型、无机氮肥单位面积施用量以及氮肥含氮量；②有机肥的类型、有机肥单位面积施用量以及有机肥含氮量；③项目活动下地块的作物类型、秸秆还田量和秸秆含氮量等数据。监测频率为每次无机氮肥施用、秸秆还田、有机肥施用时进行监测，每年汇总一次。

土壤氮素输入总量(包括化肥、有机肥和秸秆中的氮素)抽样精度超过 95%的要求(95%置信区间)。如果达不到这一精度要求，需采用折扣的方法计算项目的减排增汇量。抽样样本精度计算方法及折扣系数见本章3.10 节。

1. 项目开始前基线调研参数及相关默认值

项目开始前基线调研参数及相关默认值详见表 3-3。

表 3-3　项目开始前基线调研参数及相关默认值

数据/参数	GWP_{N_2O}
数据单位	t CO_2 eq/(t N_2O)
描述	N_2O 的全球增温潜势
数据来源	IPCC 第六次评估报告中的默认值
采用的数据	298
数据选择论证或测定方法和程序的描述	IPCC 第六次评估报告中的默认值，或者任何 IPCC 清单指南或评估报告的更新版本
其他评论	在计入期之后保存 2 年

续表

数据/参数	EF_1
数据单位	t N_2O-N /每 t 施入的 N
描述	施无机氮肥/有机肥/秸秆还田的旱地农田 N_2O 排放因子
数据来源	数据来自项目区相关文献，或附录 A：表 A-1，或采用 IPCC 2006 指南的默认值
采用的数据	—
数据选择论证或测定方法和程序的描述	—
其他评论	在计入期之后保存 2 年

数据/参数	$EF_{1,FR}$
数据单位	t N_2O-N /每 t 施入稻田的 N
描述	稻田施用无机氮肥、有机肥、秸秆还田的 N_2O 排放因子
数据来源	数据来自项目区相关文献，或附录 A：表 A-1，或采用 IPCC 2006 指南的默认值
采用的数据	—
数据选择论证或测定方法和程序的描述	—
其他评论	在计入期之后保存 2 年

数据/参数	EF_4
数据单位	t N_2O-N/t NH_3-N 和 NO_x-N
描述	大气沉降到土表或水体中的氮的 N_2O 间接排放因子
数据来源	《2006 年 IPCC 国家温室气体清单指南》第 4 卷第 11 章中表 11.3 的 EF_4 的默认值，IPCC 默认参数为 0.01
采用的数据	
数据选择论证或测定方法和程序的描述	—
其他评论	—

数据/参数	EF_5
数据单位	t N_2O-N/t N
描述	N 淋溶和径流的 N_2O 排放因子
数据来源	使用《2006 年 IPCC 国家温室气体清单指南》默认值，EF_5 来自第 4 卷第 11 章表 11.3，IPCC 默认参数为 0.0075
采用的数据	
数据选择论证或测定方法和程序的描述	
其他评论	

数据/参数	$Frac_{GASF}$
数据单位	%
描述	化肥以 NH_3 和 NO_x 气体挥发的比例，%
数据来源	使用特定点、区域或国家的估算值，或《2006 年 IPCC 国家温室气体清单指南》第 4 卷第 11 章中表 11.3 的默认值，IPCC 默认参数为 0.1
采用的数据	
数据选择论证或测定方法和程序的描述	
其他评论	

数据/参数	$Frac_{GASM}$
数据单位	%
描述	有机肥以 NH_3 和 NOx 气体挥发的比例(%)
数据来源	使用特定点、区域或国家的估算值,或《2006 年 IPCC 国家温室气体清单指南》第 4 卷第 11 章中表 11.3 的默认值,IPCC 默认参数为 0.2
采用的数据	
数据选择论证或测定方法和程序的描述	
其他评论	

数据/参数	$Frac_{LEACH}$
数据单位	%
描述	化肥、有机肥和秸秆中的氮素由于淋溶和径流造成的损失比例
数据来源	使用特定点、区域或国家的估算值,或《2006 年 IPCC 国家温室气体清单指南》第 4 卷第 11 章中表 11.3 的默认值,IPCC 默认参数为 0.3
采用的数据	
数据选择论证或测定方法和程序的描述	
其他评论	

数据/参数	$BM_{SNs,i,p}$
数据单位	t/hm^2
描述	基准线情景下分层 s、抽样地块 i、旱地单位面积施用无机氮肥类型 p 的量
数据来源	项目参与方
采用的数据	—
数据选择论证或测定方法和程序的描述	采用分层随机抽样的方法收集基准线情景下无机氮肥类型、单位面积无机氮肥施用量
其他评论	

数据/参数	$B_{NC_{SNp}}$
数据单位	t N/t 化肥
描述	基准线情景下无机氮肥类型 p 的含氮量
数据来源	项目参与方
采用的数据	—
数据选择论证或测定方法和程序的描述	化肥中含氮量可从制造标签的说明中取得
其他评论	

数据/参数	$BM_{ONs,i,q}$
数据单位	t/hm^2
描述	基准线情景下分层 s、抽样地块 i、旱地单位面积施用有机氮肥类型 q 的量

数据/参数	$BM_{ONs,i,q}$
数据来源	项目参与方
采用的数据	—
数据选择论证或测定方法和程序的描述	采用分层随机抽样的方法收集基准线情景下有机肥类型、单位面积有机肥施用量
其他评论	

数据/参数	$B_{NC_{ONq}}$
数据单位	tN/t 有机肥
描述	基准线情景下有机肥类型 q 的含氮量
数据来源	项目参与方
采用的数据	—
数据选择论证或测定方法和程序的描述	有机肥中含氮量可从有资质的实验室测定获得
其他评论	

数据/参数	$BM_{CNs,i,c}$
数据单位	t/hm^2
描述	基准线情景下分层 s、抽样地块 i、旱地单位面积秸秆类型 c 的还田量
数据来源	项目参与方
采用的数据	—
数据选择论证或测定方法和程序的描述	采用分层随机抽样的方法收集基准线情景下单位面积秸秆还田量
其他评论	

数据/参数	$B_{NC_{CNc}}$
数据单位	tN/t 秸秆
描述	基准线情景下作物类型 c 的秸秆含氮量
数据来源	附录 A：表 A-3
采用的数据	—
数据选择论证或测定方法和程序的描述	秸秆中含氮量可从有资质的实验室测定获得，或者从 IPCC 2006 年清单中推荐的默认值计算获得
其他评论	在计入期之后保存 2 年

数据/参数	$BM_{SNs,i,p,FR}$
数据单位	t/hm^2
描述	基准线情景下分层 s、抽样地块 i、稻田单位面积施用无机氮肥类型 p 的量
数据来源	项目参与方
采用的数据	—

数据/参数	$BM_{SNs,i,p,FR}$
数据选择论证或测定方法和程序的描述	采用分层随机抽样的方法收集基准线情景下稻田无机氮肥类型、单位面积无机氮肥施用量
其他评论	

数据/参数	$BM_{ONs,i,q,FR}$
数据单位	t/hm^2
描述	基准线情景下分层 s、抽样地块 i、稻田单位面积使用有机肥类型 q 的量
数据来源	项目参与方
采用的数据	—
数据选择论证或测定方法和程序的描述	采用分层随机抽样的方法收集基准线情景下稻田有机肥类型、单位面积有机肥施用量
其他评论	

数据/参数	$BM_{CNs,i,c,FR}$
数据单位	t/hm^2
描述	基准线情景下分层 s、抽样地块 i、稻田单位面积秸秆类型 c 的还田量
数据来源	项目参与方
采用的数据	—
数据选择论证或测定方法和程序的描述	采用分层随机抽样的方法收集基准线情景下单位面积稻田秸秆还田量
其他评论	

数据/参数	RG_c
数据单位	无量纲
描述	作物类型 c 的秸秆/作物产量比
数据来源	《省级温室气体清单编制指南(试行)》，见附录 A 表 A-3。
采用的数据	—
数据选择论证或测定方法和程序的描述	—
其他评论	在计入期之后保存 2 年

数据/参数	DW_c
数据单位	无量纲
描述	作物类型 c 的秸秆干重比
数据来源	《省级温室气体清单编制指南(试行)》，见附录 A 表 A-3。
采用的数据	—
数据选择论证或测定方法和程序的描述	—
其他评论	在计入期之后保存 2 年

续表

数据/参数	BA_s
数据单位	hm^2
描述	基线情景下分层 s 项目内所有旱地农田地块的总面积
数据来源	项目参与方
采用的数据	—
数据选择论证或测定方法和程序的描述	项目开始前基准线调研
其他评论	在计入期之后保存 2 年

数据/参数	$BA_{s,FR}$
数据单位	hm^2
描述	基线情景下分层 s 项目内的所有稻田地块的总面积
数据来源	项目参与方
采用的数据	—
数据选择论证或测定方法和程序的描述	项目开始前基准线调研

2. 需要监测的参数

需要监测的参数详见表 3-4。

表 3-4 监测数据和参数

数据/参数	$PA_{s,t}$
数据单位	hm^2
描述	第 t 年项目活动下分层 s 所有旱地地块的总面积
数据来源	项目参与方
测定方法和过程	监测每一地块的地理坐标并计算其面积
监测/记录的频率	每年记录施用化肥/有机肥/秸秆还田时记录各地块的四至经纬度坐标
采用的数据	—
监测设备	GPS
QA/QC 程序	—
计算方法	第 t 年项目活动下分层 s 所有旱地农田地块总面积之和
其他评论	在计入期之后保存 2 年

数据/参数	$PA_{s,FR,t}$
数据单位	hm^2
描述	第 t 年项目活动下分层 s 所有稻田地块的总面积
数据来源	项目参与方
测定方法和过程	监测每一地块的地理坐标并计算其面积
监测/记录的频率	每年记录施用化肥/有机肥/秸秆还田时记录各地块的四至经纬度坐标
采用的数据	—
监测设备	GPS

数据/参数	$PA_{s,FR,t}$
QA/QC 程序	—
计算方法	第 t 年项目活动下分层 s 所有稻田地块总面积之和
其他评论	在计入期之后保存 2 年

数据/参数	$PM_{SNs,i,p,t}$
数据单位	t/hm^2
描述	第 t 年项目活动下分层 s、抽样地块 i、单位面积施用无机氮肥类型 p 的量
数据来源	项目参与方
测定方法和过程	施肥时由项目参与方记录施肥类型和施肥量
监测/记录的频率	每一次施肥时记录施肥类型和单位面积施用量
采用的数据	—
监测设备	根据包装袋的重量计算或者地秤
QA/QC 程序	—
计算方法	第 t 年无机氮肥类型 p 的施用总量
其他评论	在计入期之后保存 2 年

数据/参数	$PM_{SNs,i,p,FR,t}$
数据单位	t/hm^2
描述	第 t 年项目活动下分层 s、抽样地块 i、稻田单位面积施用无机氮肥类型 p 的量
数据来源	项目参与方
测定方法和过程	施肥时由项目参与方记录施肥类型和施肥量
监测/记录的频率	每一次施肥时记录施肥类型和单位面积施用量
采用的数据	—
监测设备	根据包装袋的重量计算或者地秤
QA/QC 程序	—
计算方法	第 t 年无机氮肥类型 p 的施用总量
其他评论	在计入期之后保存 2 年

数据/参数	$P_{NC_{SNp}}$
数据单位	t N/t 化肥
描述	项目活动下无机氮肥类型 p 的含氮量,t N/t 化肥
数据来源	项目参与方
测定方法和过程	产品说明书或包装袋上的说明
监测/记录的频率	每次施肥时记录
采用的数据	—
监测设备	—
QA/QC 程序	当地化肥销售部门交叉核对
计算方法	—
其他评论	在计入期之后保存 2 年

续表

数据/参数	$PM_{ONs,i,q,t}$
数据单位	t/hm^2
描述	第 t 年项目活动下分层 s、抽样地块 i、旱地单位面积使用有机肥类型 q 的量
数据来源	项目参与方
测定方法和过程	施肥时由项目参与方记录有机肥施肥量
监测/记录的频率	每次施肥记录有机肥施用量
采用的数据	—
监测设备	根据有机肥的体积计算或者地秤
QA/QC 程序	—
计算方法	第 t 年有机肥 q 的施用总量
其他评论	在计入期之后保存 2 年

数据/参数	$PM_{ONs,i,q,FR,t}$
数据单位	t/hm^2
描述	第 t 年项目活动下分层 s、抽样地块 i、稻田单位面积使用有机肥类型 q 的量
数据来源	项目参与方
测定方法和过程	施肥时由项目参与方记录有机肥施肥量
监测/记录的频率	每次施肥记录有机肥施用量
采用的数据	—
监测设备	根据有机肥的体积计算或者地秤
QA/QC 程序	—
计算方法	第 t 年有机肥 q 的施用总量
其他评论	在计入期之后保存 2 年

数据/参数	$P_{NC_{ONq}}$
数据单位	t N/(t 有机肥)
描述	项目活动下有机肥类型 q 的含氮量，t N/t 有机肥
数据来源	项目参与方
测定方法和过程	将采样样品送到具有资质的检测单位进行有机肥含氮量的测定，或根据文献中的数据获得
监测/记录的频率	如有机肥成分和比例与基线一致，没有变化，在项目计入期只监测一次
采用的数据	—
监测设备	—
QA/QC 程序	—
计算方法	—
其他评论	在计入期之后保存 2 年

数据/参数	$PM_{CNs,i,c,t}$
数据单位	t/hm^2
描述	第 t 年项目活动下分层 s、抽样地块 i、旱地农田作物类型 c 的单位面积籽粒产量

续表

数据/参数	$PM_{CNs,i,c,t}$
数据来源	项目参与方
测定方法和过程	项目参与方记录
监测/记录的频率	每次收割记录作物产量，每年汇总一次
采用的数据	—
监测设备	秤
QA/QC 程序	—
计算方法	根据每次记录的分层 s、抽样地块 i 上不同作物类型及其产量、抽样地块 i 的面积，计算不同抽样地块作物的单位面积产量
其他评论	在计入期之后保存 2 年

数据/参数	$PP_{s,i,c,t}$
数据单位	%
描述	第 t 年项目活动下分层 s、抽样地块 i、旱地农田作物类型 c 的秸秆还田比例
数据来源	项目参与方
测定方法和过程	项目参与方记录
监测/记录的频率	每次秸秆还田时记录，每年汇总一次
采用的数据	—
监测设备	—
QA/QC 程序	—
计算方法	项目参与方估算不同作物的秸秆还田比例
其他评论	在计入期之后保存 2 年

数据/参数	$PG_{s,i,c,FR,t}$
数据单位	t/hm^2
描述	第 t 年项目活动下分层 s、抽样地块 i、秸秆还田到稻田的作物类型 c 的籽粒产量
数据来源	项目参与方
测定方法和过程	项目参与方记录
监测/记录的频率	每次秸秆还田时记录，每年汇总一次
采用的数据	—
监测设备	—
QA/QC 程序	—
计算方法	项目参与方估算不同作物的秸秆还田比例
其他评论	在计入期之后保存 2 年

数据/参数	$PP_{s,i,c,FR,t}$
数据单位	%
描述	第 t 年项目活动下分层 s、抽样地块 i、作物类型 c 的秸秆返还到稻田比例

续表

数据/参数	$PP_{s,i,c,FR,t}$
数据来源	项目参与方
测定方法和过程	项目参与方记录
监测/记录的频率	每次秸秆还田时记录，每年汇总一次
采用的数据	—
监测设备	—
QA/QC 程序	—
计算方法	项目参与方估算不同作物的秸秆还田比例
其他评论	在计入期之后保存 2 年

3.10　监测要素的精度计算及精度校正

3.10.1　监测要素的精度计算

第一步：根据基准线或者项目活动下每一个分层的地块数量，从中随机抽取 $p\%$的地块。每一个分层的抽样样本数见式(3-28)：

$$n_i = N_i \times p\% \tag{3-28}$$

式中，n_i 为第 i 层的抽样样本的地块数量；N_i 为第 i 层的地块总数。

第二步：按照计算的每一分层的抽样样本数进行随机抽样，并监测每一地块的氮素施入量。

第三步：根据监测数据，分别计算每一分层的抽样样本的平均值 $\bar{x}_i$ 和标准差 S_i，计算方法见式(3-29)和式(3-30)：

$$\bar{x}_i = \frac{1}{n_i} \times \sum_{j=1}^{n_i} x_{ij} \tag{3-29}$$

$$S_i^2 = \frac{1}{n_i - 1} \times \sum_{j=1}^{n_i} \left(x_{ij} - \bar{x}_i \right)^2 \tag{3-30}$$

式中，$\bar{x}_i$ 为第 i 分层抽样地块监测数据的平均值；x_{ij} 为第 i 分层第 j 抽样地块的监测数据(氮素输入量)；S_i^2 为第 i 层监测数据的方差。

第四步：根据各个分层的面积以及参与项目的总面积，求出各分层的总体相对权重 W_i，计算方法见式(3-31)：

$$W_i = \frac{M_i}{M} \tag{3-31}$$

式中，W_i 为第 i 层的总体相对权重，%；M_i 为第 i 分层的所有地块的面积，hm^2；M 为参与项目总面积，hm^2。

第五步：根据各分层的面积相对权重，以及各个分层的监测参数的平均值、标准差，计算项目的总体平均值的估计值 $\bar{x}$ 及其标准差 $S_{\bar{X}}$。计算方法见式(3-32)、式(3-33)和式(3-34)：

$$\overline{x} = \sum_{i}^{n} W_i \times \overline{x}_i \qquad (3\text{-}32)$$

$$S_{\overline{X}} = \frac{1}{n} \times \sqrt[2]{\sum_{i}^{n} n_i S_i^2 (1 - f)} \qquad (3\text{-}33)$$

$$f = \frac{n}{N} \qquad (3\text{-}34)$$

式中，$\overline{x}$ 为项目总体的平均值的估计值；W_i 为第 i 层的总体相对权重，%；$\overline{x}_i$ 为第 i 分层抽样数据的平均值；$S_{\overline{X}}$ 为项目的总体标准差；n 为所有分层抽样样本总数；n_i 为第 i 分层抽样样本数；S_i 为第 i 分层样本的标准差；f 为抽样分数；N 为项目的地块总数。

第六步：计算样本监测数据的精度，判断能否达到方法学的精度要求，计算方法见式（3-35）：

$$p_c = 1 - \frac{t_\alpha S_{\overline{X}}}{\overline{x}} \qquad (3\text{-}35)$$

式中，p_c 为精度；t_α 为在特定的置信水平下 t 值，本方法学的置信水平为 90%，即 $\alpha=0.1$（根据相应的自由度，查 t 分布表可得相应数值）；$S_{\overline{X}}$ 为项目的总体标准差；$\overline{x}$ 为项目总体的平均值的估计值。

第七步：判断 p_c 是否达到置信区间 95% 是误差不超过 10% 的精度要求，如果 $p_c > 0.9$，则预抽样的样本数量可以满足项目精度要求，不需要对监测参数进行精度校正。如果 $p_c < 0.9$，表明预抽样数量达不到项目的精度要求，项目参与方需要利用 3.10.2 节的方法对监测参数进行精度校正。

3.10.2 氮素输入量 N_2O 减排量的精度校正

如果氮素（包括化肥、有机肥和秸秆中的氮素）的抽样样本的误差不超过 10% 的精度要求（95%置信区间），则利用式（3-36）对项目 N_2O 减排量进行校正。

$$\Delta N_2O_{y,\text{cal}} = \Delta N_2O_y \times DR = (BE_{N_2O} - PE_{N_2O,t}) \times DR \qquad (3\text{-}36)$$

式中，$\Delta N_2O_{y,\text{cal}}$ 为项目活动下第 t 年精度校正后的 N_2O 减排量，$t\ CO_2eq$；BE_{N_2O} 为基线情景下施肥造成的 N_2O 排放，$t\ CO_2eq$；$PE_{N_2O,t}$ 为项目活动下第 t 年施肥造成的 N_2O 排放，$t\ CO_2eq$；DR 为保守性调减因子，见表 3-5。

表 3-5　施肥 N_2O 减排量排放的矫正因子

95%置信区间下项目减排量的不确定性	保守性调整因子
<15%	1.000
15%～30%	0.943
30%～50%	0.893
50%～100%	0.836

注：减排量的不确定性不能大于 100%；参考 VCS 方法学："通过降低氮肥施用量减少农田 N_2O 排放方法学"（VM0022-V1.1）

第4章 稻田灌溉管理甲烷减排项目方法学

4.1 来 源

本方法学参考 UNFCCC-EB 的小规模 CDM 项目方法学 AMS III.AU：Methane emission reduction by adjusted water management practice in rice cultivation（第 4.0 版）[①]；《2006 年 IPCC 国家温室气体清单指南》[②]。

4.2 范围和适用条件

4.2.1 范围

本方法学适用于通过减少水稻种植中土壤有机物厌氧分解从而减少 CH_4 生成的技术/措施，包括①在水稻生长期将水分管理由连续淹灌转换为间歇灌溉和/或缩短淹灌时间的稻田，②干湿交替法和水稻好氧栽培法，③水稻播种方式由移栽改为直播的稻田[③]。

4.2.2 适用条件

本方法学适用于下列情况：

（1）以人工灌溉为主要灌溉方式的淹水稻田。本方法学不适用于旱作稻田、雨养及深水稻田。项目区应该包括水稻种植前的作物水分管理和有机肥施用情况，基线应包括表 4-1 所列的全部参数。

表 4-1 定义耕作模式的参数

序号	参数	类型[a]	值/子类	来源/方法[b]
1	水稻生长季节的水分管理[c]	动态	连续淹灌 中期晒田 间歇灌溉 节水灌溉或湿润灌溉	基线：农民提供的信息 项目：监测

---

① UNFCCC. 2020. 清洁发展机制.AMS-III.AU Small-scale Methodology: Methane emission reduction by adjusted water management practice in rice cultivation.Sectoral scope(s): 15(第 4.0 版). https://cdm. unfccc.int/methodologies/DB/ D14KAKRJEW4OTHEA4YJICOHM26M6BM.[2020-07-13]

② UNFCCC. 2006. 2006 年 IPCC 国家温室气体清单指南. https://www.ipcc-nggip. iges.or.jp/public/ 2006gl/pdf/ 4_Volume4/V4_05_Ch5_Cropland.pdf.[2020-07-13]

③ 淹灌稻田从移栽转换成直播可导致淹灌日期减少，因为直播要求在播种后有较干燥的土壤条件，直到种子发芽和发育到 2 到 4 叶子发育阶段为止

序号	参数	类型[a]	值/子类	来源/方法[b]
2	水稻种植前一生长季的水分管理灌溉制度	动态	淹水 短期排水(＜180 天) 长期排水(＞180 天)	基线：农民提供的信息 项目：监测
3	有机肥施用	动态	水稻生长季节的稻草还田[d] 绿肥 水稻种植前一生长季的稻草还田[d] 农家肥 堆肥 腐熟有机肥(包括菌渣和沼渣等) 生物质炭 不施用有机肥	基线：农民提供的信息 项目：监测
4	土壤 pH	静态	＜4.5 4.5～5.5 ＞5.5	ISRIC-WISE 土壤特性数据库[e] 或国家的数据
5	土壤有机碳含量	静态	＜1% 1%～3 % ＞3%	
7	气候	静态	[AEZ][f]	Rice Almanac 或 HarvestChoice[f]

a. 动态是与田间管理密切相关的参数，因此可能随时间变化而变化(不论是受项目活动的影响还是其他原因)。静态情况是指由特定田间土壤特性所决定的参数，不随时间变化而变化，因此在项目活动期间只需测定一次；

b. 获取每个参数的来源/方法；

c. 本方法学不使用旱地、雨养、易受干旱和深水稻田等这几个常用名词来区分水稻生长季节的水分管理(参见 IPCC 指南)，因为采用这些水分管理的稻田不适用于本方法学(参看适用条件)；

d. 当季稻草指在本季水稻种植前施用稻草，后季稻草指稻草施用在前一季的稻田，稻草收获后留在土表和翻埋入土都属于当季稻草；

e. 对于静态参数，参照全球及国家数据。可利用 ISRIC 数据库提供的土壤数据；

f. 气候带：采用 Rice Almanac 或 HarvestChoice 所提出的农业生态分区。

(2)项目边界内的稻田需有灌溉和排水设施，比如在干湿季节，应该可以使土壤保持适当的干湿状态。

(3)项目活动不能导致水稻减产，同样也不能种植以前没有使用过的水稻品种。

(4)对农民进行田间准备、灌溉、排水晒田及施肥等方面的培训并提供技术支持是项目活动的一部分，这些信息都将存档并可核证(例如培训协议和现场参观的材料的存档)。特别是项目参与方要保证农民或通过指导决定作物的氮肥需求量。此外，还应利用科学文献或官方推荐的项目区域的特定耕作条件的施肥量以保证提高肥料利用率。

(5)项目参与方应保证所引进的耕作措施，包括特定耕作方式、技术和植保产品不违反地方性法规。

(6) 如果不选用 IPCC 第 1 层次法提供的默认值计算减排量，项目参与方必须利用静态箱法测定参考稻田的甲烷排放并进行实验室分析。

(7) 项目年减排总量应该小于或等于 60000t CO_2eq。

4.3　规范性引用文件

(1)清洁发展机制项目设计的一般准则。

(2)小规模项目活动额外性证明准则。

(3)生物质项目活动中泄漏的一般指南[①]。

4.4　定　义

(1) **移栽稻(TPR)**：一种将水稻种子播于苗床，约 20～30 天后将幼苗直接移栽于淹水稻田的种植模式；

(2) **直播稻(DSR)**：一种将浸泡稻种或干种子直接播种于干燥或湿润稻田土壤中的水稻种植模式，不需要移栽过程；

(3) **IPCC 方法**：IPCC 关于稻田甲烷排放最新版本的指南。本方法学提交时，该指南为《2006 年 IPCC 国家温室气体清单指南》第 4 卷，第五章的第五节；

(4) **项目活动的耕作实践**：自愿减排项目下一系列耕作实践。主要包括调整灌溉措施，也可能包括农田准备、施肥和虫草控制等措施；

IPCC 方法提供了下列定义(详见《2006 年 IPCC 国家温室气体清单指南》第 4 卷)：

(5) **灌溉制度**：不同稻田类型(如灌溉稻田、雨养稻田和深水稻田)和灌溉类型(如连续淹灌、间歇灌溉和节水灌溉或湿润灌溉)；

(6) **旱作稻田**：从不淹水的稻田；

(7) **灌溉稻田**：存在一段时间的淹水并且水分完全可控的稻田；

(8) **雨养和深水稻田**：存在一段时间的淹水并且水分完全取决于降水的稻田。

为了测定基线和项目排放量，须根据稻田管理方式进行分类，具有相同管理模式的稻田应划为一组。可参考表 4-1 参数划分项目稻田管理类型。

4.5　项 目 边 界

项目地理边界包括种植方法和水分管理发生变化的稻田。项目边界的空间范围包括项目活动下种植方法发生变化的所有稻田。项目参与方应提供项目地块经纬度坐标，以明确项目边界。

4.6　项目减排量计算

4.6.1　基线排放量计算

基线情景是继续现在的管理措施，例如在项目活动的稻田地块上继续水稻移栽和连

---

① http://cdm.unfccc.int/Reference/Guidclarif/index.html#meth>

续淹灌或进行中期晒田。

利用下面公式计算基线情景下的水稻种植季节的甲烷排放：

$$BE_y = \sum_s BE_s \tag{4-1}$$

$$BE_s = \sum_{g=1}^{G} EF_{BL,s,g} \times A_{s,g} \times 10^{-3} \times GWP_{CH_4} \tag{4-2}$$

式中，BE_y 为第 y 年基线排放量，t CO_2eq；BE_s 为第 s 季节的基线排放量，t CO_2eq；$EF_{BL,s,g}$ 为第 s 季节第 g 组稻田基线排放因子，kg CH_4/$(hm^2 \cdot$ 季$)$；$A_{s,g}$ 为第 s 季节第 g 组的稻田面积，hm^2；GWP_{CH_4} 为甲烷的全球增温潜势，t CO_2eq/t CH_4，28；g 为第 g 组，根据表 4-1 划分的具相同管理模式的所有稻田（G 为所有组的总数）；s 为季节；BL 为基线情景。

4.6.2 确定参照稻田的基线排放因子

应设立能够代表基线排放情况的稻田作为基线参照稻田。对于根据表 4-1 划分的具有相同耕作模式的每一组，至少设置 3 块基线参照稻田，利用封闭式静态箱法测定甲烷排放因子，用 kg CH_4/$(hm^2 \cdot$ 季$)$ 表示。利用每个组的 3 块参照稻田的平均排放因子计算季节基线排放因子 $EF_{BL,s,g}$（参见附录 C 表 C-2 的甲烷测定指南）。

4.6.3 项目排放量计算

项目排放包括稻田甲烷排放，即使耕作措施发生了变化，稻田中还有甲烷排放产生。在优化氮肥施用活动下，N_2O 排放量不会显著偏离基线排放量，因此本项目不考虑 N_2O 排放。

每个季节的稻田甲烷排放按式(4-3)、式(4-4)计算：

$$PE_y = \sum_s PE_s \tag{4-3}$$

$$PE_s = \sum_{g=1}^{G} EF_{P,s,g} \times A_{s,g} \times 10^{-3} \times GWP_{CH_4} \tag{4-4}$$

式中，PE_y 为第 y 年项目活动的稻田甲烷排放量，t CO_2eq；PE_s 为第 s 季项目活动下的稻田甲烷排放量，t CO_2eq；$EF_{P,s,g}$ 为第 s 季第 g 组项目活动下稻田甲烷排放因子，kg CH_4/$(hm^2 \cdot$ 季$)$；y 为项目活动开始后第 y 年。

4.6.4 确定参照稻田的项目排放因子

项目活动下稻田甲烷排放因子 $EF_{P,s,g}$ 的计算应基于至少 3 个具有相同条件的项目参照稻田的测定结果，项目参照稻田要邻近与基线参照稻田，并且生长季节相同。$EF_{P,s,g}$ 是 3 个项目参照稻田甲烷排放因子的平均值。

4.6.5 泄漏

本方法学不考虑项目活动对项目边界外温室气体排放的影响。

4.6.6　项目减排量计算

项目减排量等于基线排放与项目活动的排放量的差值：

$$ER_s = BE_s - PE_s \tag{4-5}$$

式中，ER_s 为第 s 季减排量，$t\ CO_2eq$。

4.6.7　事前减排量估算

项目设计文件 (PDD) 中估算事前减排量时，项目参与方应该参照田间实际测定或参考国家数据或 IPCC Tier I 推荐的默认值估算基线和项目排放量，并在 PDD 中解释和论证所采用的的方法。

选项 1：利用 IPCC Tier 1 方法或默认值计算减排量

项目参与方可采用 IPCC Tier 1 方法计算基线减排量，但需要确定长期淹水情况下的基线排放因子，公式如下：

$$ER_y = EF_{ER} \times A_y \times L_y \times 10^{-3} \times GWP_{CH_4} \tag{4-6}$$

$$EF_{ER} = EF_{BL} - EF_P \tag{4-7}$$

$$EF_{BL} = EF_{BL,c} \times SF_{BL,w} \times SF_{BL,p} \times SF_{BL,o} \tag{4-8}$$

$$EF_P = EF_{BL,c} \times SF_{P,w} \times SF_{P,p} \times SF_{P,o} \tag{4-9}$$

式中，ER_y 为第 y 年减排量，$t\ CO_2\ eq$；EF_{ER} 为调整后的日减排因子，$kg\ CH_4/(hm^2 \cdot d)$；A_y 为第 y 年项目稻田种植总面积，hm^2；L_y 为第 y 年水稻种植天数，d/a。当季节排放因子已确定时，则不需考虑此参数；GWP_{CH_4} 为甲烷全球增温潜势，$t\ CO_2eq/tCH_4$, 28；EF_{BL} 为基线排放因子，$kg\ CH_4/(hm^2 \cdot d)$ 或 $kg\ CH_4/(hm^2 \cdot 季)$；EF_P 为项目排放因子，$kg\ CH_4/(hm^2 \cdot d)$ 或 $kg\ CH_4/(hm^2 \cdot 季)$；$EF_{BL,c}$ 为未施用有机肥的长期淹水稻田的基线排放因子，$kg\ CH_4/(hm^2 \cdot d)$ 或 $kg\ CH_4/(hm^2 \cdot 季)$；$SF_{BL,w}$ 或 $SF_{P,w}$ 为用于说明耕作期间基线或项目情景下水分差异的调整因子[①]；$SF_{BL,p}$ 或 $SF_{P,p}$ 为用于说明种植期前的季节中水分差异的基线或项目情景下的调整因子；$SF_{BL,o}$ 或 $SF_{P,o}$ 为施用的有机肥类型和数量发生变化时，基线或项目情景下的调整因子。

没有施加有机肥的长期淹水稻田的基线排放因子 (EF_{BL},c) 应在项目活动开始前预先确定 (在这种情况下，应使用事前参数值计算项目计入期内的减排量) 或每年监测一次 (在这种情况下，事后参数值应用于计算计入期内的减排量)。项目区域内应至少选择 3 块参考稻田。在这些田块上，按照附录中的稻田甲烷排放测定指南使用密闭箱法进行稻田甲烷排放监测。另外，如果可以确定施用了有机肥的长期淹水稻田的基线排放因子，则有机肥 ($SF_{BL,o}$ 或 $SF_{P,o}$) 的调整因子不适用于上述式 (4-8) 和式 (4-9)。IPCC 默认系数 $SF_{BL,w}$ 或 $SF_{P,w}$ 的数值见表 4-2。

---

① 对于方法中使用的所有调整因子，选择了《2006 年 IPCC 国家温室气体清单指南》中的平均值。与调整因子有关的不确定性可在今后修订方法时予以考虑。

表 4-2　IPCC 推荐的种植期间水分调整因子 $SF_{BL,w}$ 或 $SF_{P,w}$ 的默认值

灌溉方式	默认系数
连续淹水	1
间歇淹水-单次通气	0.60
间歇淹水-多次通气	0.52

资料来源：IPCC 2006，第 4 卷，第 5.5 章，表 5.12。其中，连续淹水表示稻田在整个水稻生长季节都有积水，可能只有在收获时才会干涸(季末排水)；间歇性淹水表示在种植季，田块上至少有一个 3 天以上的通气期。单一通气表示在任何生长阶段的种植期，田地都有一次通气(除季末排水外)；多次通气表示种植期，田块上进行了一个以上的通气期(除季末排水外)。

表 4-3 提供了 IPCC 中 $SF_{BL,p}$ 或 $SF_{P,p}$ 的默认值。当官方政府数据或同行评审文献证明了某些地区或国家实行了双季种植，可使用默认值 1.0，否则使用默认值 0.68。

表 4-3　IPCC 推荐的水稻种植前水分管理下 $SF_{BL,p}$ 或 $SF_{P,p}$ 的默认值

指标	默认值
种植季前没有淹水的天数＜180 天(指双季稻)	1
种植季前没有淹水的天数＞180 天(指单季稻)	0.68

资料来源：IPCC 2006，第 4 卷，第 5.5 章，表 5.13。

IPCC 默认参数 $SF_{BL,o}$ 或 $SF_{P,o}$ 计算方法见式(4-10)。

$$SF_O = \left(1 + \sum_i ROA_i \times CFOA_i\right)^{0.59} \tag{4-10}$$

式中，ROA_i 为第 i 种有机肥的施用量，以稻草干重和其他作物鲜重计，单位为 t/hm^2。因为收获后剩余秸秆的量在 3 t/hm^2(当人工收割至地面时，留下很少的残茬和根残茬)到 7t/hm^2(机械收割在田间会留下大量作物残茬)，因此假定每公顷施用 5t/hm^2 秸秆为基线情况下的有机肥施用量。$CFOA_i$ 为第 i 类有机肥的换算系数。单季作物推荐 0.29，双季作物推荐 1.0[①]。

相应地，默认参数 $SF_{BL,o}$ 或 $SF_{P,o}$ 按照表 4-4 取值。

表 4-4　IPCC 推荐的水稻种植前水分管理下 $SF_{BL,o}$ 或 $SF_{P,o}$ 的默认值

参数	默认值	参数计算结果
种植季前没有淹水的天数＜180 天(指双季稻)	2.88	$SF_{BL,o}$ 或 $SF_{P,o}$ = $(1+5\times1)^{0.59}$=2.88
种植季前没有淹水的天数＞180 天(指单季稻)	1.70	$SF_{BL,o}$ 或 $SF_{P,o}$ = $(1+5\times0.29)^{0.59}$=1.70

资料来源：IPCC 2006 默认参数，第 4 卷，第 5.5 章，表 5.14

---

① 对于单一作物而言，通常在作物收获后将稻草犁回土壤并长期放置(即在种植前将稻草混合放置 30 天以上)，稻草在干燥的田块中已经矿化。因此，淹水时稻草易发酵的碳组分含量较少。所以耕作时土壤被淹没，甲烷生成量会减少，因此换算系数推荐使用 0.29。相反，如果种植前稻草混入田块土壤的时间不足 30 天(双季种植情况)，稻草没有被矿化，则稻草中易发酵的碳含量会导致更多的甲烷气体产生，因此，推荐使用 1.0。此外，当第二茬作物紧随前茬作物生长时，土壤环境有利于甲烷的大量产生

表 4-5 基线、项目和减排的特定排放因子 [单位：kg CH₄/(hm²·d) 或 kg CH₄/(hm²·季)]

区域	基线情景					项目情景					减排因子 (EF_{ER})
	$EF_{BL,c}$	$SF_{BL,w}$	$SF_{BL,p}$	$SF_{BL,o}$	排放因子 (EF_{BL})	项目情景	$SF_{P,w}$	$SF_{P,p}$	$SF_{P,o}$	排放因子 (EF_{P})	
实施双季稻种植的区域或国家	$EF_{BL,c}$	1.00	1.00	2.88	$EF_{BL,c} \times 2.88$	情景 1：将连续淹水灌溉改为间歇灌溉（单次晒田）	0.60	1.00	2.88	$EF_{BL,c} \times 1.73$	$EF_{BL,c} \times 1.15$
						情景 2：将连续淹水灌溉改为间歇灌溉（多次晒田）	0.52	1.00	2.88	$EF_{BL,c} \times 1.50$	$EF_{BL,c} \times 1.38$
实施单季稻种植的区域或国家	$EF_{BL,c}$	1.00	0.68	1.70	$EF_{BL,c} \times 1.16$	情景 1：将连续淹水灌溉改为间歇灌溉（单次晒田）	0.60	0.68	1.70	$EF_{BL,c} \times 0.69$	$EF_{BL,c} \times 0.46$
						情景 2：将连续淹水灌溉改为间歇灌溉（多次晒田）	0.52	0.68	1.70	$EF_{BL,c} \times 0.60$	$EF_{BL,c} \times 0.55$

本节的表 4-4 参数值只针对水稻秸秆。IPCC 2006 的表 5.14 也包含了其他有机物参数供参考，包括：

(1) 对于堆肥，$SF_{BL,o}$ 或 $SF_{P,o}$ 为 $(1+C\times0.05)^{0.59}$；

(2) 对于农家肥，$SF_{BL,o}$ 或 $SF_{P,o}$ 为 $(1+YM\times0.14)^{0.59}$；

(3) 对于绿肥，$SF_{BL,o}$ 或 $SF_{P,o}$ 为 $(1+GM\times0.50)^{0.59}$；

(4) C、YM 和 GM 分别表示堆肥、农家肥和绿肥施用量 (t/hm^2)。

表 4-5 总结了基线情景 (EF_{BL}) 和项目情景 (EF_P) $[kg\ CH_4/(hm^2\cdot d)]$ 的排放因子计算方法。

选项 2：采用 IPCC TIER1 中全球默认参数计算

减排量按式 (4-6) 计算，不同项目情景下，采用以下调整后的日排放系因子默认值 EF_{ER} $[kg\ CH_4/(hm^2\cdot d)]$[①]：

(1) 对于实施双季稻种植的区域或国家，项目活动为间歇灌溉淹水（单次晒田）时，采用 $1.50[kg\ CH_4/(hm^2\cdot d)]$；项目活动为间歇灌溉淹水（多次晒田）时，采用 $1.80[kg\ CH_4/(hm^2\cdot d)]$。

(2) 对于实施单季稻种植的区域或国家，项目活动为间歇灌溉淹水（单次晒田）时，采用 $0.60[kg\ CH_4/(hm^2\cdot d)]$；项目活动为间歇灌溉淹水（多次晒田）时，采用 $0.72[kg\ CH_4/(hm^2\cdot d)]$。

上述的默认值将稻草作为唯一的有机肥输入。如果在项目活动开始前，有其他有机肥，如堆肥、农家肥和绿肥被添加到田块，可在项目计入期内以相同或较低的施用比例继续添加，但不能对采用默认值估算的减排量造成影响。

4.7　监测方法学

4.7.1　基线和项目排放的监测

表 4-6 所列各项参数为项目开始前基准线调研参数及默认参数推荐值。

表 4-6　项目开始前基准线调研参数及默认参数推荐值

数据/参数	$EF_{BL,s,g}$
数据单位	kg CH$_4$/(hm^2·季)
描述	基线排放因子
数据来源	项目参与方
测定方法和程序的描述	根据 4.7.2 节（稻田甲烷排放测定指南）和《2006 年 IPCC 国家温室气体清单指南》第 4 卷 5.5.5 节
监测/记录频率	根据密闭箱测定方法的指导意见进行定期测定，计算季节综合排放因子
QA/QC 流程	—
其他评论	—

① 在此选项下，$EF_{BL,c}$=1.30(kg CH$_4$/(hm^2·日)) 来源于《2006 年 IPCC 国家温室气体清单指南》第 4 卷，第 5.5 章，表 5.11，并用于本节表 4-5 中，以推导参数 EF_{ER}

数据/参数	$EF_{BL,c}$
数据单位	kg CH_4/(hm^2·d)或 kg CH_4/(hm^2·季)
描述	连续淹水田块且没有有机物输入的基线排放因子
数据来源	项目参与方
测定方法和程序的描述	根据 4.7.2 节(稻田甲烷排放测定指南)和《2006 年 IPCC 国家温室气体清单指南》第 4 卷 5.5.5 节
监测/记录频率	根据密闭箱测定方法的指导意见进行定期测定,计算季节综合排放因子。在项目活动开始前预先确定(在这种情况下,应使用事先值计算计入期内的减排量)或每年监测一次
QA/QC 流程	—
其他评论	

数据/参数	$EF_{P,s,g}$
数据单位	kg CH_4/(hm^2·季)
描述	项目排放因子
数据来源	项目参与方
测定方法和程序的描述	根据附录 4.7.2 节(稻田甲烷排放测定指南)和《2006 年 IPCC 国家温室气体清单指南》第 4 卷 5.5.5 节
监测/记录的频率	根据密闭箱测定方法的指导意见进行定期测定,计算季节综合排放因子
QA/QC 流程	—
其他评论	

数据/参数	$A_{s,g}$
数据单位	hm^2
描述	第 s 季节累计项目面积
数据来源	项目参与方
测定方法和程序的描述	通过项目数据库中稻田的面积来确定。稻田面积应由 GPS 或卫星数据确定。如果没有这些技术,则要建立稻田面积测量方法并考虑不确定性和遵循减排量估算的保守型
监测/记录的频率	每季
QA/QC 流程	—
其他评论	

数据/参数	A_y
数据单位	hm^2
描述	第 y 年项目稻田种植总面积
数据来源	项目参与方
测定方法和程序的描述	确定项目活动所在地田块的总面积。项目田块面积应通过 GPS 或卫星数据确定。如果无法采用 GPS 或卫星数据进行测量,则要建立稻田面积测量方法并考虑不确定性和遵循减排量估算的保守型
监测频率	每年
QA/QC 流程	—
其他评论	

续表

数据/参数	L_y
数据单位	d/a
描述	第 y 年水稻生长天数
数据来源	项目参与方
测定方法和程序的描述	根据种植记录确定该参数
监测频率	每年
QA/QC 流程	—
其他评论	当采用季节性排放因子时，不需要监测该参数

为确定项目活动下的稻田是否依照项目活动规定的管理措施进行管理，确保参照稻田的观测值能代表项目稻田的排放情况，必须为项目中所有稻田地块建立稻田管理记录手册。稻田管理记录手册至少应该记录下列几项：

（1）播种和收获日期（日期）；

（2）化肥、添加剂、有机物补充和植保措施（日期及用量）；

（3）稻田水分管理（如"落干/湿润/淹水"）及其稻田水分状态变化的日期；

（4）水稻产量。

项目参与方要保证项目参照稻田的管理方式能保守地反映项目稻田的甲烷排放。如果农户稻田管理措施偏离了规定的项目管理措施，项目参照稻田的排放对这些农户的稻田排放不具有代表性，在计算季节综合项目面积 $A_{s,g}$ 时就不能再考虑这些农户的稻田。这个要求用以确保只计量真正遵循项目管理措施稻田的减排量。

报告和核查应基于抽样和农户的管理措施记录簿，应遵循最新版本的"CDM 项目活动和规划类项目活动的取样和调查标准"。

项目参与方应该建立一个数据库，数据库包括能明确识别参与项目的稻田信息，包括农户的姓名和住址、稻田面积等，在适当的条件下，还要包括上面提到特定稻田信息。

4.7.2　稻田甲烷排放测定指南

项目执行方应在季节开始前编制季节性甲烷测量的详细计划。该计划应包括现场和实验室测量的时间表、将气体样品送到实验室所需的物流以及种植日历。该计划还应包括地点和气候、土壤、水管理、植物特性、肥料处理和有机改良等具体信息。

根据从现场测量到排放因子的计算步骤，构建了以下指导：项目执行方应确保项目和基线的监测方法相同，并同时测定。其中田间观测-箱方法见表 4-7、田间观测-气体取样方法见表 4-8、实验室分析法见表 4-9。

4.7.3　计算采样箱的排放速率（参照农田）

（1）对于每次气体分析，请使用以下公式计算 CH_4 排放量的质量：

$$m_{CH_{4,t}} = c_{CH_{4,t}} \times V_{chamber} \times M_{CH_4} \times \frac{1atm}{R \times T_t \times 1000} \tag{4-11}$$

表 4-7 田间观测–箱法设计技术选项

特性	条件	
箱体材料	选项 1：不透明 • 商用 PVC 容器或人造箱体(例如使用镀锌铁)； • 喷白漆或外覆反光材料(以防止内部温度升高)； • 只适用于短期(通常为 30 分钟)，然后立即从现场移走	选项 2：透明 • 使用丙烯酸玻璃制造室； • 透明室的优点：如果配备顶盖或侧面可开，在观测和闲置时分别可关闭和打开，可长时间放置于田间
测定箱在稻田中的放置	选项 1：固定底座 • 利用耐腐蚀材料制成的底座可整个生长季放置于田间； • 底座应满足严格的箱体密封条件； • 底座下端插入土壤的部分要设有小孔，以保证内外水分交流； • 至少早于首次取样前 24 小时将底座安置于田间	选项 2：无底座 • 该种箱体直接插入土壤中，要有可开启的顶盖以保证释放气泡中甲烷和测量的准确性
箱体附属装置	• 温度计：测量箱内温度； • 电扇：取样期间混合箱内空气(干电池供电)(主体高度低于 1m 且箱内无茂密植物的采样箱，采样时不需要启动电扇，以免造成对箱内气压的干扰)； • 取样口(橡胶塞放置在箱体的孔中)	
底面积	长方形或圆形，最小面积要覆盖四兜水稻(最低约 $0.1m^2$)	
高度	选项 1：固定高度 • 箱体总高度要超过植株最大生长高度(底座突起部分加箱体)	选项 2：灵活高度 • 可调节植物高度； • 具有不同高度或模块化设计的箱体

表 4-8 田间观测–气体取样方法

特性	条件
每个区组箱体重复数	最低要求：每个区三个重复
每次接触的空气样本数/每次测量的数据点数	最低要求：每次接触三个样本
接触时间	30 分钟
测量时间	早晨
测量间隔	最低要求：每周一次
注射器	测量前的适宜性测试(防漏)最好配备一个锁，以便于处理
待测样品保存时限	• 储存<24h：可持续使用密闭注射器保存； • 储存>24h：将样品转移至真空瓶，以轻度高压保存

表 4-9 实验室分析

特性	条件
仪器	配备氢火焰离子化检测器(FID)的气相色谱
进样	直接进样或阀进样
分析柱	填充柱(分子筛等)或毛细柱
校正	每天分析前后用有资质的标准气体校正

式中，$m_{CH_4,t}$ 为 t 时刻采样箱中 CH_4 的质量，mg；t 为采样时间点(如 30 分钟内有 3 个样本，分别是 0 分钟、15 分钟、30 分钟)；$c_{CH_4,t}$ 为 t 时刻采样箱中 CH_4 的浓度，来自气体分析，ppm①；$V_{chamber}$ 为采样箱的体积，L；M_{CH_4} 为 CH_4 的摩尔质量，16g/mol；假设恒定压力为 1atm，除非安装了压力测量装置；R 为通用气体常数：0.08206 L · atm/(K · mol)；T_t 为 t 时刻的温度 K。

(2)借助软件(如 Excel)确定随时间变化的值的最佳拟合线斜率：

$$s = \frac{\Delta m_{CH_4}}{\Delta t} \tag{4-12}$$

式中，s 为最佳拟合线斜率，mg/min。

(3)计算单个采样箱每小时的排放率：

$$RE_{ch} = s \times 60min / A_{chamber} \tag{4-13}$$

式中，RE_{ch} 为采样箱的排放率，mg/(h · m²)；ch 为标记重复的采样箱；$A_{chamber}$ 为采样箱面积(m²)。

(4)计算单个采样箱的平均排放率：

$$RE_{plot} = \frac{\sum\limits_{ch=1}^{Ch} RE_{ch}}{Ch} \tag{4-14}$$

式中，RE_{plot} 为采样箱的平均排放率，mg/(h · m²)；Ch 为每个采样箱的重复数。

进一步的程序：根据每个采样箱测量的平均排放率，通过整合季节长度的测量结果来得出季节性综合排放因子。最简单的积分方法是将排放率乘以测量间隔(例如一周)的小时数，然后累积整个季节每个测量间隔的结果。将 mg/m² 乘以 0.01，换算成 kg/hm²。

———————————

① 1ppm=10^{-6}

第5章 可持续草地管理温室气体减排计量与监测方法学

放牧已成为严重影响草地土壤碳储量的重要人类活动类型之一，同时草地施肥等人类活动也会导致草地温室气体排放随之不断变化。因此，监测和核算不同人类活动导致的草地土壤碳储量和草地温室气体排放变化趋势成为探索草地可持续发展经营的重要步骤。本章通过分析改进放牧/轮牧机制、减少退化草地放牧的牲畜数量，以及重新植草和保证良好的长期管理对草地土壤碳储量和温室气体排放的影响，确定核算步骤和计算公式，从而制定出符合项目活动要求的核算方法。

5.1 适 用 条 件

方法学的适用条件如下：

(1)项目开始时土地利用方式为草地；

(2)土地已经退化并将继续退化；

(3)项目开始前草地用于放牧或多年生牧草生产；

(4)项目实施过程中，参与项目农户没有显著增加做饭和取暖消耗的化石燃料和非可再生能源薪柴；

(5)项目边界内的粪肥管理方式没有发生明显变化；

(6)项目边界外的家畜粪便不会被运送到项目边界内；

(7)项目活动中不包括土地利用变化，在退化草地上播种多年生牧草和种植豆科牧草不认为是土地利用变化；

(8)项目点位于地方政府划定的草原生态保护奖补机制的草畜平衡区，项目区的牧户已签订了草畜平衡责任书；

(9)若采用土壤碳储量变化监测方法选择 1(具体内容见 P93)，必须有相关研究(如文献或项目参与方进行的实地调查研究)能够验证项目活动拟采用的能够模拟不同管理措施并适用于项目区的模型，否则采用土壤碳储量变化监测方法选择 2(具体内容见 P94)。

5.2 定 义

(1)草地：主要用于牧业生产的地区或自然界各类草原、草甸、稀树干草原等统称为草地。

(2)放牧季节：在放牧计划中，一般根据气候、草地植被、地形、水源和管理等条件确定草地的放牧季节。

(3)土地利用变化：改变土地的利用方式。主要土地利用方式包括草地、农田、森林和湿地。本方法学中，土地利用方式的变化包括从草地变为农田、森林或湿地。

(4)分层：对草地进行详细分类，分层的依据可以包括草地类型、土壤类型。

(5)可持续草地管理：可以通过增加碳储量和/或减少非二氧化碳温室气体排放并能持续增加草地生产力的管理措施。这种管理措施可能包括改进放牧/轮牧机制、减少退化草地放牧的牲畜数量，以及通过重新植草和保证良好的长期管理来修复严重退化的草地等。

5.3 范　　围

该方法学为在退化的草地上开展可持续草地管理措施，包括减少放牧数量、改变放牧季节、施肥、人工种草以及在酸性草地土壤上施用石灰等改善草地生态系统的技术措施。

5.4 项目边界

项目边界包括项目参与方实施可持续草地管理活动的草地所在地理位置。该项目活动可在一个或多个的独立地块进行，在项目设计文件中要清楚描述项目区域边界，在项目核查时必须向第三方认证机构提供每个独立的地块地理坐标。

在基线情景和项目活动下包括的碳库和排放源见表 5-1 和表 5-2。由于可持续草地管理导致的禾本科地上部生物量增加是暂时的，这一碳库的变化不包括在项目边界内，这也是保守的。

表 5-1　在基线和项目活动下选择碳库

碳库种类	包括/不包括	理由/说明
地上部木本生物量	可选择	如果项目参与方可以提供透明的和可验证的信息，能表明如果不考虑这一碳库不会高估项目活动的碳汇量，就可以不选择
地下部生物量	可选择	如果项目参与方可以提供透明的和可验证的信息，能表明如果不考虑这一碳库不会高估项目活动的碳汇量，就可以不选择
枯木	不包括	可持续草地管理措施不会降低枯木量，可以保守地予以排除
枯枝落叶	不包括	可持续草地管理措施不会降低枯枝落叶的生物量，可以保守地予以排除
土壤有机碳	包括	草地管理主要引起土壤碳库发生变化。根据适用条件(2)，基线情景下草地处于退化状态而且将继续退化，土壤有机碳在基线情景下将会降低，不考虑基线情景下的碳汇变化是保守的

表 5-2　基线和项目活动中不包括或包括的温室气体排放源和种类

	排放源	气体	不包括/包括	理由/说明
基线情景	施用化肥	CO_2	不包括	不适用
		CH_4	不包括	不适用
		N_2O	包括	此排放源主要排放的气体
	种植豆科牧草	CO_2	不包括	不适用
		CH_4	不包括	不适用
		N_2O	不包括	主要 N_2O 排放源。基线 N_2O 排放可忽略，这是保守估计

续表

	排放源	气体	不包括/包括	理由/说明
基线情景	农机化石燃料消耗	CO_2	包括	主要 CO_2 排放源
		CH_4	不包括	简化排除
		N_2O	不包括	简化排除
	施用石灰	CO_2	包括	主要 CO_2 排放源
		CH_4	不包括	无 CH_4 排放
		N_2O	不包括	无 N_2O 排放
	粪便管理	CO_2	不包括	根据《2006 年 IPCC 国家温室气体清单指南》，不需包括粪便管理过程中 CO_2 排放为生物质降解过程中的排放
		CH_4	不包括	可持续草地管理一般减少草地的载畜量。另外，根据适用条件(5)，项目边界内的粪肥管理方式不发生明显变化，因此，不包括粪便管理 CH_4 排放是保守的
		N_2O	不包括	可持续草地管理一般减少草地的载畜量。另外，根据适用条件(5)，项目边界内的粪肥管理方式不发生明显变化，因此，不包括粪便管理 N_2O 排放是保守的
	动物肠道发酵	CO_2	不包括	根据《2006 年 IPCC 国家温室气体清单指南》，不需包括动物肠道 CO_2 排放为生物质降解过程中的排放
		CH_4	不包括	可持续草地管理一般减少草地的载畜量。因此，不包括动物肠道发酵 CH_4 排放是保守的
		N_2O	不包括	动物肠道发酵不排放 N_2O
项目活动	施用化肥	CO_2	不包括	不适用
		CH_4	不包括	不适用
		N_2O	包括	此排放源主要排放的气体
	种植豆科牧草	CO_2	不包括	不适用
		CH_4	不包括	不适用
		N_2O	包括	主要 N_2O 排放源
	农机化石燃料消耗	CO_2	包括	主要 CO_2 排放源
		CH_4	不包括	简化排除
		N_2O	不包括	简化排除
	施用石灰	CO_2	包括	主要 CO_2 排放源
		CH_4	不包括	无 CH_4 排放
		N_2O	不包括	无 N_2O 排放
	粪便管理	CO_2	不包括	根据《2006 年 IPCC 国家温室气体清单指南》，不需包括粪便管理过程中 CO_2 排放为生物质降解过程中的排放
		CH_4	不包括	可持续草地管理一般减少草地的载畜量。另外，根据适用条件(5)，项目边界内的粪肥管理方式不发生明显变化，因此，不包括粪便管理 CH_4 排放是保守的
		N_2O	不包括	可持续草地管理一般减少草地的载畜量。另外，根据适用条件(5)，项目边界内的粪肥管理方式不发生明显变化，因此，不包括粪便管理 N_2O 排放是保守的
	动物肠道发酵	CO_2	不包括	根据《2006 年 IPCC 国家温室气体清单指南》，不包括动物肠道 CO_2 排放为生物质降解过程中的排放
		CH_4	不包括	可持续草地管理一般减少草地的载畜量。因此，不包括动物肠道发酵 CH_4 排放是保守的
		N_2O	不包括	动物肠道发酵不排放 N_2O

5.5　基线情景的确定

通过如下步骤来确定最可能的基线情景:

第 1 步:确定拟议的可持续草地管理项目的备选土地利用情景。

(1a)确定并列出拟议的可持续草地管理项目活动所有可信的备选土地利用情景。项目参与方必须确定并列出在未开展可持续草地管理项目活动的情况下,在项目边界内可能出现的所有现实、可信的土地利用情景。确定的土地利用情景至少需要包含如下内容:

i)继续保持项目活动开始前的土地利用方式。

ii)在开始项目活动之前 10 年内,在项目边界内曾经采用的土地利用方式。

项目参与方参考《用来验证和评估 VCS 农业、林业和其他土地利用方式项目活动额外性的 VCS 工具》以了解如何确定实际、可信的备选土地利用方式。项目参与方通过可验证的信息来源,证明每种确定的备选利用方式都是现实、可信的,这些信息来源可以包括土地使用者的管理记录文件、农业统计报告、公开发布的项目区放牧行为研究结果、参与式乡村项目评估结果和相关方的其他探讨文件,以及/或者由项目参与方在开始项目活动之前进行或委托他人进行的调查。

(1b)检查可信的备选土地利用情景方案是否符合相关法律和法规的强制要求:项目参与方必须检查确认在(1a)中确定的所有备选土地利用情景都满足如下要求:

i)符合所有相关法律和法规的强制要求。

ii)如果某个备选方案不符合相关法律和法规的要求,则必须结合相关强制法律或法规适用地区的当前实际情况证明:这些法律或法规并没有系统生效,或者不符合其规定的现象在该地区非常普遍。

如果确定的一种备选土地利用情景并不满足上述两条标准之一,则必须将该备选土地利用情景从列表中删除,从而得到一份修改后的可信备选土地利用情景列表,并符合相关法律和法规的强制要求。

第 2 步:选择最合理的基线情景。

(2a)障碍分析:在通过(1b)中创建的可信备选土地利用情景列表之后,必须进行障碍分析,以确定会阻碍实现这些情景的现实、可信障碍。可能考虑的障碍包括投资、机构、技术、社会、或生态障碍,在《用来验证和评估 VCS 农业、林业和其他土地利用方式项目活动额外性的 VCS 工具》第 3 步中有相关介绍。项目参与方必须说明哪些备选土地利用情景会遇到确定的障碍,并通过可验证的信息来进一步证明与每种备选土地利用情景相关的障碍的确存在。

(2b)排除面临实施障碍的备选土地利用情景:将所有面临实施障碍的备选土地利用情景从列表中删除掉。

(2c)选择最合理的基线情景(在障碍分析允许的前提下):如果列表中只剩下一个备选土地利用情景,则必须将其选择为最合理的基线情景。如果列表内剩下多个备选土地利用情景,而且其中有一个情景包含继续保持项目活动前的土地利用方式,并且同时满足如下条件:在项目活动开始之前的 5 年中,牧民都没有发生变化;在项目活动开始之前的 5 年中，一直采用项目活动开始时的土地利用方式；在上述 5 年时间中，相关的强制法律或法规没有发生变化，那么必须将项目活动开始时的土地利用方式作为最合理的基线情景。如果列表内剩下多个备选土地利用情景，但是仍然没有选择最合理的土地利用方式，则进入(2d)。

(2d) 评估备选土地利用情景的盈利能力：针对 (2b) 中保留没有实施障碍的备选土地利用情景后得到的列表，记录与每种备选土地利用情景相关的成本和收入，并估算每种备选土地利用情景的成本与收益。必须根据计入期内的净收入净现值来评估备选土地利用情景收益。必须以可以验证的透明方式证明分析所用的经济参数和假设条件是合理的。

(2e) 选择最合理的基线情景：(2d) 中评估的备选土地利用情景中，必须选择收益最好的情景作为最合理的基线情景。

如果最合理的基线情景符合适用条件，那么在项目区开展的可持续草地管理项目活动将可以使用本方法。

5.6　额外性论证

项目参与方必须借助最新版本的《用来验证和评估 VCS 农业、林业和其他土地利用方式 (AFOLU) 项目活动额外性的 VCS 工具》来验证项目的额外性。在使用该工具第 2、3 和 4 步的时候，必须对通过利用本方法第 5 部分所确定的最合理基线情景进行评估，同时还要评估事前在项目文件中所述的项目情景。如果通过投资分析确定：将项目活动注册为自愿减排项目不会带来经济收益，因此开展的项目活动不是盈利能力最强的土地利用情景；或者通过障碍分析确定基线情景没有障碍，在将项目活动注册为自愿减排项目不会带来经济收益的情况下不会开展项目活动，那么根据普遍实践检测的结果，必须将项目视为附加项目。

5.7　温室气体减排增汇量的计算

5.7.1　基线排放

1. 施肥造成的基线 N_2O 排放

参照 CDM EB 最新批准的 A/R 方法学工具 "Estimation of direct nitrous oxide emission from nitrogen fertilization"[①] 估算肥料施用导致的直接 N_2O 排放。肥料类型包括化肥和有机肥。

$$B_{N_2ODirect-N,t} = (F_{SN,B,t} + F_{ON,B,t}) \times EF_1 \times 44/28 \times GWP_{N_2O} \tag{5-1}$$

$$F_{SN,B,t} = \sum_{i=1}^{I} M_{SFi,B,t} \times NC_{SFi} \times (1 - Frac_{GASF}) \tag{5-2}$$

---

① Estimation of direct nitrous oxide emission from nitrogen fertilization. http://cdm.unfccc.int/ methodologies/ARmethodologies/tools/ar-am-tool-07-v1.pdf/history_view

$$F_{\text{ON},B,t} = \sum_{j=1}^{J} M_{\text{OF}j,B,t} \times \text{NC}_{\text{OF}j} \times (1 - \text{Frac}_{\text{GASM}}) \tag{5-3}$$

式中，$B_{\text{N}_2\text{ODirect}-N,t}$ 为第 t 年基线情景下项目边界内施肥造成的 N_2O 直接排放，t CO_2eq；$F_{\text{SN},B,t}$ 为扣除以 NH_3 和 NO_x 形式挥发的 N 以外，第 t 年基线情景下化肥施用量，t N；$F_{\text{ON},B,t}$ 为扣除以 NH_3 和 NO_x 形式挥发的 N 以外，第 t 年基线情景下有机肥施用量，t N；EF_1 为肥料的 N_2O 排放因子，t $\text{N}_2\text{O-N}$/施入的 t N；$\text{GWP}_{\text{N}_2\text{O}}$ 为 N_2O 的增温潜势，298；$M_{\text{SF}i,B,t}$ 为第 t 年基线情景下化肥施用量，t；$M_{\text{OF}j,B,t}$ 为第 t 年基线情景下有机肥施用量，t；$\text{NC}_{\text{SF}i}$ 为化肥类型 i 的含氮量，t N/t；$\text{NC}_{\text{OF}j}$ 为有机肥类型 j 的含氮量，t N/t；$\text{Frac}_{\text{GASF}}$ 为化肥以 NH_3 和 NO_x 形式挥发的比例，默认值为 0.1；$\text{Frac}_{\text{GASM}}$ 为有机肥以 NH_3 和 NO_x 形式挥发的比例，默认值为 0.2；I 为化肥类型；J 为有机肥类型；44/28 为 N_2O 和 N 分子量之比，（g/mol）/（g/mol）。

2. 种植豆科牧草的基线 N_2O 排放

为了简便，不计算基线情景下种植豆科牧草造成的 N_2O 排放，这是保守的。

3. 农机使用化石燃料造成的基线 CO_2 排放

基线情景下，草地管理过程中有两类活动消耗化石燃料：一是耕作，二是农用物资的运输。计算公式为

$$B_{\text{FC},t} = B_{\text{FC},\text{tillage},t} + B_{\text{FC},\text{transport},t} \tag{5-4}$$

式中，$B_{\text{FC},t}$ 为第 t 年基线情景下农机使用化石燃料造成的基线 CO_2 排放量，t CO_2；$B_{\text{FC},\text{tillage},t}$ 为第 t 年基线情景下使用农机耕作燃油排放量，t CO_2；$B_{\text{FC},\text{transport},t}$ 为第 t 年基线情景下农机运输与草地管理相关的农用物资的燃油的排放量，t CO_2。

利用公式 5-5 计算基线情景下使用农机耕作消耗化石燃料造成的 CO_2 排放量。

$$B_{\text{FC},\text{tillage},t} = \sum_{l=1}^{L} \sum_{k=1}^{K} \text{FC}_{\text{tillage},k,l} \times \text{Area}_{k,l,B,t} \times \text{EF}_{\text{CO}_2,k} \times \text{NCV}_k \tag{5-5}$$

式中，$B_{\text{FC},\text{tillage},t}$ 为第 t 年基线情景下使用农机耕作燃油排放量，t CO_2；$\text{FC}_{\text{tillage},k,l}$ 为农机类型 l 耕作单位面积草地时消耗的燃料类型 k 的量，重量或者体积/hm^2；$\text{Area}_{k,l,B,t}$ 为第 t 年基线情景下使用农机类型 l、化石燃料类型 k 耕作的总面积，hm^2；$\text{EF}_{\text{CO}_2,k}$ 为燃料类型 k 的排放因子，t CO_2 / GJ；NCV_k 为燃料类型 k 的净热值，GJ/重量或体积；k 为燃料类型；K 为使用的燃料类型数量；l 为农机类型；L 为农机类型数量。

利用农机运送农用物资化的石燃料消耗造成的基线 CO_2 排放根据 CDM EB 最新批准的 "Estimation of GHG emissions related to fossil fuel combustion in A/R CDM project activities"[①]工具计算。有两种选择，如果农机属于项目参与方，并可监测所有的耗油量

[①] Estimation of GHG emissions related to fossil fuel combustion in A/R CDM project activities. http://cdm.unfccc.int/methodologies/ARmethodologies/tools/ar-am-tool-05-v1.pdf

时可采用直接计算方法［式(5-6)］，如果农机不属于项目参与者所有、且不能监测耗油量，或者在事前计算减排量时一些主要参数是假设的，这时应采用间接计算方法，见式(5-6)～式(5-9)。

$$B_{\text{FC,transport},t} = \sum_{l=1}^{L} \sum_{k=1}^{K} \text{FC}_{\text{transport},k,l,B,t} \times \text{EF}_{\text{CO}_2,k} \times \text{NCV}_k \tag{5-6}$$

式中，$B_{\text{FC,transport},t}$ 为第 t 年基线情景下农机运输与草地管理相关的农用物资的燃油的排放量，$t\,\text{CO}_2$；$\text{FC}_{\text{transport},k,l,B,t}$ 为第 t 年基线情景下运输导致的农机类型 l、消耗的燃料类型 k 的量，重量或者体积；$\text{EF}_{\text{CO}_2,k}$ 为燃料类型 k 的排放因子，$t\,\text{CO}_2/\text{GJ}$；NCV_k 为燃料类型 k 的净热值，GJ/重量或体积；k 为燃料类型；K 为使用的燃料类型数量；l 为农机类型；L 为农机类型数量。

$$B_{\text{FC,transport},t} = \sum_{l=1}^{L} \sum_{k=1}^{K} n \times \text{MT}_{k,l,B,t} / \text{TL}_l \times \text{AD}_{k,l,B,t} \times \text{SECk}_{k,l} \times \text{EF}_{\text{CO}_2,k} \times \text{NCV}_k \tag{5-7}$$

式中，$B_{\text{FC,transport},t}$ 为第 t 年基线情景下农机运输与草地管理相关的农用物资的燃油排放量，$t\,\text{CO}_2$；n 为表明回程的载重的参数，当回程装满其他物资时，$n=1$；当回程为空车时，$n=2$。如果项目参与方不能提供回程载重的证据，则默认 $n=1$，确保项目减排量计算结果的保守型；$\text{MT}_{k,l,B,t}$ 为第 t 年基线情景下使用农机类型 l、燃料类型 k 运送物资的总重量，t；TL_l 为农机类型 l 的载重量，t；$\text{AD}_{k,l,B,t}$ 为第 t 年基线情景下使用农机类型 l、燃料类型 k 运送物资的平均单程距离，km；$\text{SECk}_{k,l}$ 为农机类型 l 消耗燃料类型 k 时的耗油指标，重量或者体积耗油量/吨公里；$\text{EF}_{\text{CO}_2,k}$ 为燃料类型 k 的排放因子，$t\,\text{CO}_2/\text{GJ}$；NCV_k 为燃料类型 k 的净热值，GJ/重量或体积；k 为燃料类型；K 为使用的燃料类型数量；l 为农机类型；L 为农机类型数量。

$$B_{\text{FC,transport},t} = \sum_{l=1}^{L} \sum_{k=1}^{K} \text{NV}_{k,l,B,t} \times \text{TD}_{k,l,B,t} \times \text{SECk}_{k,l} \times \text{EF}_{\text{CO}_2,k} \times \text{NCV}_k \tag{5-8}$$

式中，$B_{\text{FC,transport},t}$ 为第 t 年基线情景下使用农机运输与草地管理相关的农用物资的燃油排放量，$t\,\text{CO}_2$；$\text{NV}_{k,l,B,t}$ 为第 t 年基线情景下使用农机类型 l、燃料类型 k 的农户数；$\text{TD}_{k,l,B,t}$ 为第 t 年基线情景下每户使用农机类型 l、燃料类型 k 的运行的距离（包括往返），km；$\text{SECk}_{k,l}$ 为农机类型 l、使用燃料类型 k 时的耗油指标，重量或体积耗油量/吨公里；$\text{EF}_{\text{CO}_2,k}$ 为燃料类型 k 的排放因子，$t\,\text{CO}_2/\text{GJ}$；NCV_k 为燃料类型 k 的净热值，GJ/重量或体积；k 为燃料类型；K 为使用的燃料类型数量；l 为农机类型；L 为农机类型数量。

$$B_{\text{FC,transport},t} = \sum_{l=1}^{L} \sum_{k=1}^{K} \text{MT}_{k,l,B,t} \times \text{TD}_{k,l,B,t} \times \text{SECkt}_{k,l} \times \text{EF}_{\text{CO}_2,k} \times \text{NCV}_k \tag{5-9}$$

式中，$B_{\text{FC,transport},t}$ 为第 t 年基线情景下使用农机运输与草地管理相关的农用物资的燃油排放量，$t\,\text{CO}_2$；$\text{MT}_{k,l,B,t}$ 为第 t 年基线情景下利用农机类型 l、燃料类型 k 送送物资的总重量，t；$\text{TD}_{k,l,B,t}$ 为第 t 年基线情景下利用农机类型 l、燃料类型 k 运送物资的总距离，km；$\text{SECkt}_{k,l}$ 为农机类型 l、燃料类型 k 的消耗量，燃料量/吨公里；$\text{EF}_{\text{CO}_2,k}$ 为燃料类型 k 的排放因子，tCO_2/GJ；NCV_k 为燃料类型 k 的净热值，GJ/重量或体积；k 为燃料类型；K 为使用的燃料类型数量；l 为农机类型；L 为农机类型数量。

根据该工具的规定，计算运输距离只需考虑项目边界外装车的最近地点。

4. 施用石灰造成的基线 CO_2 排放

利用《2006 年 IPCC 国家温室气体排放清单指南》第 4 卷（农业、森林和其他土地利用）第 11 章推荐 Tier1 方法估算施用石灰所产生的 CO_2 排放，见式（5-10）：

$$B_{\text{Lime},t} = [(M_{\text{Limestone},B,t} \times \text{EF}_{\text{Limestone}}) + (M_{\text{Dolomite},B,t} \times \text{EF}_{\text{Dolomite}})] \times 44/12 \tag{5-10}$$

式中，$B_{\text{Lime},t}$ 为第 t 年基线情景下施用石灰所产生的 CO_2 排放，$t CO_2$；$M_{\text{Limestone},B,t}$ 为第 t 年基线情景下石灰石（$CaCO_3$）的施用量，t；$\text{EF}_{\text{Limestone}}$ 为石灰石（$CaCO_3$）的碳排放因子，tC/t 石灰石，$\text{EF}_{\text{Limestone}} = 0.12$；$M_{\text{Dolomite},B,t}$ 为第 t 年基线情景下白云石 $[CaMg(CO_3)_2]$ 的施用量，t；$\text{EF}_{\text{Dolomite}}$ 为白云石 $[CaMg(CO_3)_2]$ 的碳排放因子，tC/t 白云石，$\text{EF}_{\text{Dolomite}} = 0.13$；$44/12$ 为 CO_2 和 C 分子量之比，(g/mol)/(g/mol)。

5. 木本植物的基线固碳量

如果项目参与方将地上与地下木本生物量作为选择的碳库，那么，活立木植物的基线固碳量（BRWP）可以使用 CDM EB 批准的最新版本方法学工具 "Estimation of carbon stocks and change in carbon stocks of trees and shrubs in A/R CDM project activities"[①] 计算。使用该方法学工具的条件为项目区缺乏计算基线条件下的木本生物质储量变化的数据，且项目开展前林木郁闭度小于 20%。如果项目参与方不考虑地上与地下木本生物量库，则基线 BRWP 假定为零。

如果项目参与方考虑地上与地下木本生物量库，计算方法如下：

现存木本生物质碳储量的平均净增长量（BRWP_t）计算公式：

$$\text{BRWP}_t = \sum_{j=1}^{J} \sum_{s=1}^{S} A_{b,s,j,t} \times G_{b,s,j,t} \times \text{CF}_j \times 44/12 \tag{5-11}$$

式中，BRWP_t 为第 t 年基线情景下，现存木本生物质碳储量年平均净增长量，tCO_2；$A_{b,s,j,t}$ 为第 t 年基线情景下，分层 s 物种 j 的面积，hm^2。$G_{b,s,j,t}$ 为第 t 年基线情景下，分层 s 物种 j 的单位面积现存木本生物量年平均净增长量，t 干物质 hm^2；CF_j 为物种 j 的碳含量（乔木和灌木的默认值分别为 0.50 和 0.49），t C/(t 干物质)；$44/12$ 为 CO_2 与 C 分子量之比，(g/mol)/(g/mol)；j 为代表物种类型；J 为物种数量；s 为代表分层；S 为分层数量。

现存木本生物量的年平均净增长量可以采用式（5-12）评估：

$$G_{b,s,j,t} = G_{b,\text{AB},s,j,t}(1 + R_j) \tag{5-12}$$

---

① Estimation of carbon stocks and change in carbon stocks of trees and shrubs in A/R CDM project activities. http://cdm.unfccc.int/methodologies/ARmethodologies/tools/ar-am-tool-14-v3.0.0.pdf

式中，$G_{b,AB,s,j,t}$ 为第 t 年基线情景下，分层 s 物种 j 的现存地上木本生物量的年平均净增长量，t 干物质/hm^2；R_j 为物种 j 的根冠比，t 干物质/t 干物质。

6. 基线情景下土壤碳储量的变化

由于适用条件之一是自愿碳交易项目必须是在正在退化的土地上开展，因此，可以保守地假设基线情景下土壤有机碳变化为零，即 BRS = 0

BRS 基线情景下土壤有机碳变化量，t CO_2。

7. 基线情景下总温室气体排放和减排量

总基线排放和减排量可由下式计算：

$$BE_t = B_{N_2O Direct-N,t} + B_{FC,t} + B_{Lime,t} - BRWP_t - BRS \tag{5-13}$$

式中，BE_t 为项目第 t 年基线温室排放/碳汇量，t CO_2eq。

5.7.2 项目排放

1. 施肥造成的项目 N_2O 排放

利用 CDM EB 最新批准的 A/R 方法学工具 "Estimation of direct nitrous oxide emission from nitrogen fertilization"[①]估算项目活动肥料施用导致的直接 N_2O 排放。肥料类型包括化肥和有机肥。

$$P_{N_2O Direct-N,t} = (F_{SN,P,t} + F_{ON,P,t}) \times EF_1 \times 44 / 28 \times GWP_{N_2O} \tag{5-14}$$

$$F_{SN,P,t} = \sum_{i=1}^{I} M_{SFi,P,t} \times NC_{SFi} \times (1 - Frac_{GASF}) \tag{5-15}$$

$$F_{ON,P,t} = \sum_{j=1}^{J} M_{OFj,P,t} \times NC_{OFj} \times (1 - Frac_{GASM}) \tag{5-16}$$

式中，$P_{N_2O Direct-N,t}$ 为第 t 年项目活动下，项目边界内施肥造成的 N_2O 直接排放，t CO_2eq；$F_{SN,P,t}$ 为扣除以 NH_3 和 NO_x 形式挥发的 N 以外，第 t 年项目活动下化肥施用量，t N；$F_{ON,P,t}$ 为扣除以 NH_3 和 NO_x 形式挥发的 N 以外，第 t 年项目活动下有机肥施用量，t N；EF_1 为肥料的 N_2O 排放因子，tN_2O-N/施入的 t N；GWP_{N_2O} 为 N_2O 的增温潜势，298；$M_{SFi,P,t}$ 为第 t 年项目活动下化肥施用量，t；$M_{OFj,P,t}$ 为第 t 年项目活动下有机肥施用量，t；NC_{SFi} 为化肥类型 i 的含氮量，t N/t；NC_{OFj} 为有机肥类型 j 的含氮量，t N/t；$Frac_{GASF}$ 为化肥以 NH_3 和 NO_x 形式挥发的比例，默认值为 0.1；$Frac_{GASM}$ 为有机肥以 NH_3 和 NO_x 形式挥发的比例，默认值为 0.2；I 为化肥类型；J 为有机肥类型。

---

① Estimation of direct nitrous oxide emission from nitrogen fertilization. http://cdm.unfccc.int/ methodologies/ARmethodologies/tools/ar-am-tool-07-v1.pdf/history_view

2. 种植豆科牧草造成的项目排放

只考虑项目活动种植的豆科牧草的排放量。可通过下式计算：

$$P_{N_2O_{NF},t} = F_{CR,P,t} \times EF_1 \times 44 / 28 \times GWP_{N_2O} \tag{5-17}$$

式中，$P_{N_2O_{NF},t}$ 为第 t 年内，项目边界内种植豆科牧草造成的项目 N_2O 排放, t CO_2eq；$F_{CR,P,t}$ 为第 t 年内，项目活动豆科牧草返还到土壤中氮的数量（包括地上与地下），t N；EF_1 为由豆科牧草进入到草地土壤中的氮的 N_2O 排放因子，（kg N_2O-N）/（kg N 输入）。项目参与方可使用项目区内的相关文献中的 N_2O 排放因子。如果难以获得国家具体值，则使用 IPCC 推荐的默认值《2006 年 IPCC 国家温室气体排放清单编制指南》，第 4 卷 AFOLU，表 11.1），或任何关于 AFOLU 的 IPCC 优良做法指南；GWP_{N_2O} 为 N_2O 的增温潜势，298；44/28 为 N_2O 和 N 分子量之比，（g/mol）/（g/mol）。

$$F_{CR,P,t} = \sum_{g=1}^{G} Area_{g,P,t} \times Crop_{g,P,t} \times N_{content,g,P} \tag{5-18}$$

式中，$Area_{g,P,t}$ 为第 t 年，项目活动豆科牧草 g 的种植面积，hm^2，采用专家调查的方法获得项目边界内的 $Area_{g,P,t}$ 数据；$Crop_{g,P,t}$ 为第 t 年项目活动下，豆科牧草 g 返回到草地土壤中的干物质量，包括地上部和地下部，t 干物质/hm^2。项目参与方可使用项目区内相关文献中的 $Crop_{g,P,t}$ 数值。如果难以获得国家具体值，需要进行测量以获得 $Crop_{g,P,t}$ 数据。$N_{content,g,P}$ 为豆科牧草 g 中干物质氮的含量，tN/t 干物质。项目参与方可使用项目区内相关文献中的 $N_{content,g,P}$ 数值。如果国家具体值难以获得，需要进行测量以获得 $N_{content,g,P}$ 数据。G 为豆科牧草种类。

3. 化石燃料利用导致的 CO_2 排放

项目活动下草地管理过程中有两类活动消耗化石燃料：一是耕作，二是农用物资的运输。计算公式为

$$P_{FC,t} = P_{FC,tillage,t} + P_{FC,transport,t} \tag{5-19}$$

式中，$P_{FC,t}$ 为第 t 年项目活动下农机使用化石燃料造成的基线 CO_2 排放量，t CO_2；$P_{FC,tillage,t}$ 为第 t 年项目活动下使用农机耕作燃油排放量，t CO_2；$P_{FC,transport,t}$ 为第 t 年项目活动下农机运输与草地管理相关的农用物资的燃油的排放量，t CO_2。

利用式 (5-20) 计算项目活动使用农机耕作消耗化石燃料造成的 CO_2 排放量。

$$P_{FC,tillage,t} = \sum_{l=1}^{L} \sum_{k=1}^{K} FC_{tillage,k,l} \times Area_{k,l,P,t} \times EF_{CO_2,k} \times NCV_k \tag{5-20}$$

式中，$P_{FC,tillage,t}$ 为第 t 年项目活动使用农机耕作燃油排放量，t CO_2；$FC_{tillage,k,l}$ 为农机类型 l 耕作单位面积草地时消耗的燃料类型 k 的量，重量或者体积/hm^2；$Area_{k,l,P,t}$ 为第 t 年项目活动使用农机类型 l、化石燃料类型 k 耕作的总面积，hm^2；$EF_{CO_2,k}$ 为燃料类型 k 的排放因子，t CO_2/GJ；NCV_k 为燃料类型 k 的净热值，GJ/重量或体积；k 为燃料类型；

K 为使用的燃料类型数量；l 为农机类型；L 为农机类型数量。

利用农机运送农用物资化石燃料消耗造成的基线 CO_2 排放根据 CDM EB 最新批准的 "Estimation of GHG emissions related to fossil fuel combustion in A/R CDM project activities"[①]工具计算。有两种选择，如果农机属于项目参与方，并可监测所有的耗油量时可采用直接计算方法[式(5-21)]，如果农机不属于项目参与者所有且不能监测耗油量，或者在事前计算减排量时一些主要参数是假设的，这时应采用间接计算方法：

$$P_{\mathrm{FC,transport},t} = \sum_{l=1}^{L}\sum_{k=1}^{K}\mathrm{FC}_{\mathrm{transport},k,l,P,t} \times \mathrm{EF}_{\mathrm{CO_2},k} \times \mathrm{NCV}_k \tag{5-21}$$

式中，$P_{\mathrm{FC,transport},t}$ 为第 t 年项目活动下使用农机运送与草地管理有关的农用物资的燃油排放量，$t\,CO_2$；$\mathrm{FC}_{\mathrm{transport},k,l,P,t}$ 为第 t 年项目活动下运输导致的农机类型 l，消耗的燃料类型 k 的量，重量或者体积；$\mathrm{EF}_{\mathrm{CO_2},k}$ 为燃料类型 k 的排放因子，$t\,CO_2/GJ$；NCV_k 为燃料类型 k 的净热值，$GJ/$重量或体积；k 为燃料类型；K 为使用的燃料类型数量；l 为农机类型；L 为农机类型数量。

$$P_{\mathrm{FC,transport},t} = \sum_{l=1}^{L}\sum_{k=1}^{K} n \times \mathrm{MT}_{k,l,P,t} / \mathrm{TL}_l \times \mathrm{AD}_{k,l,P,t} \times \mathrm{SECk}_{k,l} \times \mathrm{EF}_{\mathrm{CO_2},k} \times \mathrm{NCV}_k \tag{5-22}$$

式中，$P_{\mathrm{FC,transport},t}$ 为第 t 年项目活动下农机运输与草地管理相关的农用物资的燃油排放量，$t\,CO_2$；n 为表明回程的载重的参数，当回程装满其他物资时，$n=1$；当回程为空车时，$n=2$。如果项目参与方不能提供回程载重的证据，则默认 $n=2$。$\mathrm{MT}_{k,l,P,t}$ 为第 t 年项目活动下使用农机类型 l、燃料类型 k 运送物资的总重量，t；TL_l 为农机类型 l 的载重量，t；$\mathrm{AD}_{k,l,P,t}$ 为第 t 年项目活动下使用农机类型 l、燃料类型 k 运送物资的平均单程距离，km；$\mathrm{SECk}_{k,l}$ 为农机类型 l、使用燃料类型 k 时的耗油指标，重量或体积耗油量/吨公里；$\mathrm{EF}_{\mathrm{CO_2},k}$ 为燃料类型 k 的排放因子，$t\,CO_2/GJ$；NCV_k 为燃料类型 k 的净热值，$GJ/$重量或体积；k 为燃料类型；K 为使用的燃料类型数量；l 为农机类型；L 为农机类型数量。

$$P_{\mathrm{FC,transport},t} = \sum_{l=1}^{L}\sum_{k=1}^{K}\mathrm{NV}_{k,l,P,t} \times \mathrm{TD}_{k,l,P,t} \times \mathrm{SECk}_{k,l} \times \mathrm{EF}_{\mathrm{CO_2},k} \times \mathrm{NCV}_k \tag{5-23}$$

式中，$P_{\mathrm{FC,transport},t}$ 为第 t 年项目活动下使用农机运输与草地管理相关的农用物资的燃油排放量，$t\,CO_2$；$\mathrm{NV}_{k,l,P,t}$ 为第 t 年项目活动下使用农机类型 l、燃料类型 k 的农户数；$\mathrm{TD}_{k,l,P,t}$ 为第 t 年项目活动下使用农机类型 l、燃料类型 k 的运行的距离（包括往返），km；$\mathrm{SECk}_{k,l}$ 为农机类型 l、使用燃料类型 k 时的耗油指标，耗油量（重量或体积）/吨公里；$\mathrm{EF}_{\mathrm{CO_2},k}$ 为燃料类型 k 的排放因子，$t\,CO_2/GJ$；NCV_k 为燃料类型 k 的净热值，$GJ/$耗油量（重量或体积）；k 为燃料类型；K 为使用的燃料类型数量；l 为农机类型；L 为农机类型数量。

$$P_{\mathrm{FC,transport},t} = \sum_{l=1}^{L}\sum_{k=1}^{K}\mathrm{MT}_{k,l,P,t} \times \mathrm{TD}_{k,l,P,t} \times \mathrm{SECt}_{k,l} \times \mathrm{EF}_{\mathrm{CO_2},k} \times \mathrm{NCV}_k \tag{5-24}$$

① Estimation of GHG emissions related to fossil fuel combustion in A/R CDM project activities. http://cdm.unfccc.int/methodologies/ARmethodologies/tools/ar-am-tool-05-v1.pdf

式中，$P_{FC,transport,t}$ 为第 t 年项目活动下使用农机运输与草地管理相关的农用物资的燃油排放量，$t\,CO_2$；$MT_{k,l,P,t}$ 为第 t 年项目活动下使用农机类型 l、燃料类型 k 运送物资的总重量，t；$TD_{k,l,P,t}$ 为第 t 年项目活动下每户使用农机类型 l、燃料类型 k 运送物资的总距离，km；$SECkt_{k,l}$ 为农机类型 l、燃料类型 k 的消耗量，燃油量（重量或体积）/ 吨公里；$EF_{CO_2,k}$ 为燃料类型 k 的排放因子，$t\,CO_2$ / GJ；NCV_k 为燃料类型 k 的净热值，GJ/燃油量（重量或体积）；k 为燃料类型；K 为使用的燃料类型数量；l 为农机类型；L 为农机类型数量。

4. 石灰施用造成的项目 CO_2 排放

利用《2006 年 IPCC 国家温室气体排放清单指南》第 4 卷（农业、森林和其他土地利用）第 11 章推荐 Tier1 方法估算项目活动施用石灰所产生的 CO_2 排放：

$$PE_{Lime,t} = [(M_{Limestone,P,t} \times EF_{Limestone}) + (M_{Dolomite,P,t} \times EF_{Dolomite})] \times 44/12 \qquad (5\text{-}25)$$

式中，$PE_{Lime,t}$ 为第 t 年项目活动施用石灰所产生的 CO_2 排放，$t\,CO_2$；$M_{Limestone,P,t}$ 为第 t 年项目活动石灰石（$CaCO_3$）的施用量，t；$EF_{Limestone}$ 为石灰石（$CaCO_3$）的碳排放因子，tC/t 石灰石，$EF_{Limestone} = 0.12$；$M_{Dolomite,P,t}$ 为第 t 年项目活动白云石 $[CaMg(CO_3)_2]$ 的施用量，t；$EF_{Dolomite}$ 为白云石 $[CaMg(CO_3)_2]$ 的碳排放因子，tC/t 白云石，$EF_{Dolomite} = 0.13$；44/12 为 CO_2 和 C 分子量之比，(g/mol)/(g/mol)。

5. 木本生物量的项目固碳量

如果项目参与方选择包括地上部的木本生物质碳库，应采用 "Estimation of carbon stocks and change in carbon stocks of trees and shrubs in A/R CDM project activities"[①]工具计算木本生物量的项目固碳量（$PRWP_t$）。如果项目参与方不考虑地上与地下木本生物质碳库时，可假定木本生物量的项目固碳量（$PRWP_t$）为零。

项目开展第 t 年现存木本生物质碳储量的平均净增长量（$PRWP_t$）计算公式：

$$PRWP_t = \sum_{j=1}^{J} \sum_{s=1}^{S} A_{p,s,j,t} \times G_{p,s,j,t} \times CF_j \times 44/12 \qquad (5\text{-}26)$$

式中，$PRWP_t$ 为第 t 年项目活动下现存木本生物质碳储量的净变化量，$t\,CO_2$；$A_{p,s,j,t}$ 为第 t 年项目活动下分层 s 物种 j 的面积，hm^2；$G_{p,s,j,t}$ 为第 t 年项目活动下分层 s 物种 j 的单位面积现存木本生物量（地上+地下）年平均净增长量，t 干物质/hm^2；CF_j 为物种 j 的碳含量（乔木和灌木的默认值分别为 0.50 和 0.49），$t\,C/t$ 干物质；44/12 为 CO_2 与 C 分子量之比，(g/mol)/(g/mol)；j 为代表物种类型；J 为物种数量；s 为代表分层；S 为分层数量。

在某一分层内，每个物种的木本生物质碳储量（地上部和地下部碳储量）的净增加量可由下式计算：

---

① Estimation of carbon stocks and change in carbon stocks of trees and shrubs in A/R CDM project activities. http://cdm.unfccc.int/methodologies/ARmethodologies/tools/ar-am-tool-14-v3.0.0.pdf

$$G_{p,s,j,t} = G_{p,\text{AB},s,j,t}(1 + R_j) \tag{5-27}$$

式中，$G_{p,\text{AB},s,j,t}$ 为第 t 年项目活动下，分层 s 物种 j 现存地上部木本生物量的净增加量，t 干物质/hm²；R_j 为物种 j 的根冠比，t 干物质/t 干物质。

6. 项目活动下的土壤碳储量变化

可持续草地管理措施主要影响土壤碳库。项目参与方有两种选择方式计算土壤碳库的变化：①采用模型；②直接测量土壤有机碳。如果有研究结果(如文献或者项目参与方已经开展的工作)可证明拟选用的模型适用于项目区，则该模型可用于评估土壤碳储量变化。否则，要求直接测量土壤有机碳。模拟或直接测量的土壤深度为表层 30cm。

选择 1：模型方法

第一步：计算达到平衡状态时的土壤有机碳密度和时间。

采用一种公认且通过项目区验证的模型(如 CENTURY、DNDC)估算不同分层、不同管理措施下土壤有机碳储量达到平衡状态时的土壤有机碳密度($\text{SOC}_{s,m_G,\text{Equil}}$)和时间($D_{s,m_G}$)。

第二步：计算项目周期内的土壤碳储量的变化。

情景 1：如果项目周期内土壤碳储量已达到平衡状态。

如果项目周期内分层 s 管理措施 m_G 的土壤有机碳密度已达到平衡状态，项目开始至土壤有机碳密度达到平衡时之间的分层 s 管理措施 m_G 的年均土壤碳密度变化($\Delta\text{SOC}_{s,m_G}$)和项目土壤碳储量的变化(PR_t)可用式(5-28)和式(5-29)计算。

$$\Delta\text{SOC}_{s,m_G} = \frac{\text{SOC}_{s,m_G,\text{Equil}} - \text{SOC}_{s,\text{Baseline}}}{D_{s,m_G}} \tag{5-28}$$

式中，$\Delta\text{SOC}_{s,m_G}$ 为分层 s 管理措施 m_G 的年均土壤有机碳密度变化，t C/hm²；$\text{SOC}_{s,m_G,\text{Equil}}$ 为估算的分层 s 管理措施 m_G 土壤碳密度达到平衡时表层 30cm 土层的土壤碳储量，t C/hm²；$\text{SOC}_{s,\text{Baseline}}$ 为基线情景下分层 s 表层 30cm 土层的土壤碳密度，t C/hm²；D_{s,m_G} 为分层 s 管理措施 m_G 下土壤有机碳密度达到平衡的时间，年；s 为分层；m_G 为管理措施。

项目土壤碳储量的变化(PR_t)：

$$\text{PR}_t = \sum_s \sum_{m_G} \text{PA}_{s,m_G,t} \times \Delta\text{SOC}_{s,m_G} \times \frac{44}{12} \tag{5-29}$$

式中，PR_t 为第 t 年项目活动下土壤碳储量变化，t CO₂eq；$\text{PA}_{s,m_G,t}$ 为第 t 年项目活动下分层 s 管理措施的 m_G 的面积，hm²。

在土壤碳储量达到平衡至项目结束时的 $\Delta\text{SOC}_{s,m_G}$ 和 PR_t 均为 0。

情景 2：如果项目周期内土壤碳密度尚未达到平衡状态。

如果项目周期内分层 s 管理措施 m_G 的土壤有机碳密度尚未达到平衡状态，项目开始至项目结束时的分层 s 管理措施 m_G 的年均土壤碳密度变化($\Delta\text{SOC}_{s,m_G}$)可用式(5-30)计算，项目土壤碳储量的变化(PR_t)还可用式(5-29)计算。

$$\Delta \mathrm{SOC}_{s,m_G} = \frac{\mathrm{SOC}_{s,m_G,\mathrm{CP}} - \mathrm{SOC}_{s,\mathrm{Baseline}}}{\mathrm{CP}} \tag{5-30}$$

式中，$\Delta \mathrm{SOC}_{s,m_G}$ 为分层 s 管理措施 m_G 的年均土壤有机碳密度变化，tC/hm^2；$\mathrm{SOC}_{s,m_G,\mathrm{CP}}$ 为模拟的项目结束时分层 s 管理措施 m_G 的表层 30cm 土层的土壤碳密度，tC/hm^2；$\mathrm{SOC}_{s,\mathrm{Baseline}}$ 为基线情景下分层 s 表层 30cm 土层的土壤碳密度，tC/hm^2；CP 为项目周期，年；s 为代表分层；m_G 为代表管理措施。

项目土壤碳储量的变化（PR_t）还可利用式(5-29)计算。

选择 2：直接测量土壤有机碳

第一步：计算土壤有机碳监测样点数。

使用 "A/R CDM calculation of the number of sample plots for measurements within A/R CDM project activities." （COM 项目活动下不同措施样地数量计算方法）工具计算监测样本数量。

第二步：土壤采样、储存、测定等。

为了测定土壤有机碳储量变化，需要采用国家标准(如土壤采样标准)方法对土壤进行采样、处理和储存、测定和质量控制。

第三步：分层 s、管理措施 m_G、监测样地 i 的土壤有机碳储量计算。

式(5-31)用于估算第 t 年，项目活动下分层 s、地片 p、抽样地点 i 的土壤有机碳储量。

$$P_{\mathrm{SOC}_{s,m_G,i,t}} = \mathrm{SOC}_{s,m_G,i,t} \times \mathrm{BD}_{s,m_G,i,t} \times \mathrm{Depth} \times (1 - \mathrm{FC}_{s,m_G,i,t}) \times 0.1 \tag{5-31}$$

式中，$P_{\mathrm{SOC}_{s,m_G,i,t}}$ 为第 t 年项目活动下，分层 s、管理措施 m_G、监测样地 i 表层 30cm 土壤的土壤有机碳密度，tC/hm^2。$\mathrm{SOC}_{s,m_G,i,t}$ 为第 t 年项目活动下，分层 s、管理措施 m_G、监测样地 i 表层 30cm 土壤的平均有机碳含量，g C/1000g 土壤；$\mathrm{BD}_{s,m_G,i,t}$ 为第 t 年项目活动下，分层 s、管理措施 m_G、监测样地 i 表层 30cm 土壤的土壤容重，g/cm^3；Depth 为表层土壤深度(30cm)，cm；$\mathrm{FC}_{s,m_G,i,t}$ 为第 t 年项目活动下，分层 s、管理措施 m_G、监测样地 i 表层 30cm 土壤的直径大于 2mm 的砾石、根茎和其他枯木残余物所占的百分比，%；0.1 为转换系数；s 为分层；i 为监测样点；m_G 为代表管理措施。

第四步：分层 s、管理措施 m_G 的土壤有机碳密度

$$P_{\mathrm{SOC}_{s,M_G,t}} = \left(\sum_{i=1}^{I} P_{\mathrm{SOC}_{s,m_G,i,t}} \right) \Big/ I \tag{5-32}$$

式中，$P_{\mathrm{SOC}_{s,M_G,t}}$ 为第 t 年项目活动下，分层 s、管理措施 m_G 的土壤有机碳密度，t C/hm^2；I 为分层 s、管理措施 m_G 的监测样点总量。

第五步：分层 s 的土壤有机碳密度

$$P_{\mathrm{SOC}_{s,t}} = \left(\sum_{m_G=1}^{M} P_{\mathrm{SOC}_{s,M_G,t}} \right) \Big/ M \tag{5-33}$$

式中，$P_{\text{SOC}_{s,t}}$ 为第 t 年项目活动下，分层 s 的平均碳密度，t C/hm^2；M 为第 t 年项目活动下土层 s 管理措施的数量。

第六步：计算项目活动下土壤碳储量。

式(5-34)用于计算第 t 年项目活动下所有分层土壤的平均碳储量。

$$P_t = \left(\sum_{s=1}^{S} P_{\text{SOC}_{s,t}} \times A_s \right) \tag{5-34}$$

式中，P_t 为第 t 年项目活动的总碳储量，t C；$P_{\text{SOC}_{s,t}}$ 为第 t 年项目活动下分层 s 的平均碳储量，t C/hm^2；A_s 为分层 s 的总面积；S 为项目活动下分层的总数量。

第七步：计算项目活动下土壤碳储量变化。

项目开始到第一次监测，年均土壤碳储量的变化可由式(5-35)计算。

$$\text{PR}_t = \frac{\left(P_t - \sum \text{SOC}_{s,\text{baseline}} \times A_s \right)}{n} \times 44 / 12 \tag{5-35}$$

式中，$\text{SOC}_{s,\text{baseline}}$ 为在项目活动开始时，基线情景下分层 s 的土壤碳储量，t C/hm^2；n 为项目开始至第一次监测的时间，年。

7. 项目活动下导致的温室气体净排放量

可持续草地管理活动导致的净温室气体排放量由公式 5-36 计算：

$$\text{PE}_t = P_{\text{N}_2\text{ODirect}-N,t} + P_{\text{N}_2\text{O}_{NF},t} + P_{\text{FC},t} + P_{\text{Lime},t} - \text{PRWP}_t - \text{PR}_t \tag{5-36}$$

式中，PE_t 为可持续草地管理活动第 t 年的项目温室气体净排放，$\text{t CO}_2\text{eq}$。

5.7.3　泄漏

三种潜在泄漏源如下：

(1)项目边界外的粪便施用到边界内造成项目边界外土壤有机碳降低或用于供热和炊事的化石燃料用量增加，而导致泄漏排放量；

(2)减少了项目边界内粪便作为能源的利用率,使烹饪和取暖所用的非可再生能源薪柴燃料或者化石燃料用量增加，而造成的排放量；

(3)在项目边界外租用放牧草场，造成的排放量。

潜在泄漏源(1)和(2)受到适用条件(4)和(6)的限制，潜在泄漏源(1)和(2)的泄漏排放可以忽略不计。对于可持续性草地管理而言，在项目减排计量期内牲畜数量可能下降。根据适用条件(8)，项目区域的牧民均与当地政府签订了草畜平衡责任书，即使发生项目外农户将草地租用给项目户的情况发生，也不会造成草场退化。因此，也可以排除租用放牧草场造成的泄漏。

5.7.4 减排量的计算

项目活动的年温室气体减排量可使用式(5-37)计算：

$$\Delta R_t = BE_t - PE_t - LE_t \tag{5-37}$$

式中，ΔR_t 为第 t 年的年总温室气体减排量，t CO_2eq；LE_t 为第 t 年的泄漏排放，t CO_2eq。

项目开始前基准线调研参数及默认参数推荐值见表 5-3。

表 5-3   项目开始前基准线调研参数及默认参数推荐值

数据/参数	GWP_{N_2O}
数据单位	kg CO_2 eq/kg N_2O
描述	N_2O 的全球增温潜势
数据来源	从 IPCC 第二评估报告或者之后的评估报告中获得
采用的数据	298
数据选择论证或测定方法和程序的描述	
其他评论	

数据/参数	EF_1
数据单位	t N_2O-N/每 t 施入的 N
描述	施用氮肥造成的 N_2O 排放因子
数据来源	数据来自项目区相关文献。如果区域、国家具体值难以获得，可以使用《2006 年 IPCC 国家温室气体清单指南》（第 4 卷-表 11.1）、任何该 IPCC 清单指南的更新版本或部分更新版本和任何关于 AFOLU 的优良做法指南中的默认值
采用的数据	0.01
数据选择论证或测定方法和程序的描述	
其他评论	

数据/参数	$M_{SFi,B,t}$
数据单位	t
描述	第 t 年，基线下所使用的化肥类型 i 的重量
数据来源	项目参与方
采用的数据	—
数据选择论证或测定方法和程序的描述	氮肥施用量需要以项目开始前 3 年的肥料使用或者采购记录为基础。如果难以获得这些记录，则每公顷所使用的化肥量应从项目活动开始前的实地调查中获得。在这种情况下，每公顷所使用的化肥实际量就等于调查数据的平均值减掉每公顷所使用的化肥的标准误差，以符合基线 N_2O 排放的保守估计值。所使用的化肥总量就等于每公顷所使用的化肥质量的实际值乘以项目活动中草地的总面积
其他评论	

续表

数据/参数	$M_{OFj,B,t}$
数据单位	t
描述	第 t 年，基线下所使用的有机肥类型 j 的重量
数据来源	项目参与方
采用的数据	—
数据选择论证或测定方法和程序的描述	有机肥施用量需要以项目开始前 3 年的有机肥料使用记录为基础。如果难以获得这些记录，则每公顷所使用的有机肥量应从项目活动开始前的实地调查中获得。在这种情况下，每公顷所使用的有机肥实际量就等于调查数据的平均值减掉每公顷所使用的有机肥的标准误差，以符合基线 N_2O 排放的保守估计值。所使用的有机肥总量就等于每公顷所使用的有机肥量的实际值乘以项目活动中草地的总面积
其他评论	

数据/参数	NC_{SFi}
数据单位	g-N/g 化肥
描述	所使用的化肥类型 i 的含氮量
数据来源	项目参与方
采用的数据	—
数据选择论证或测定方法和程序的描述	化肥中含氮量可从制造标签的说明中取得
其他评论	

数据/参数	NC_{OFj}
数据单位	g-N/g 有机肥料
描述	所使用的有机肥类型 j 的含氮量
数据来源	项目参与方
采用的数据	—
数据选择论证或测定方法和程序的描述	有机肥中含氮量可在实验室中测量获得
其他评论	

数据/参数	$Frac_{GASF}$
数据单位	N kg/kg 施 N 量
描述	化肥类型 i 以 NH_3 和 NO_x 形式挥发的比例
数据来源	数据来自文献。如果区域、国家特征值难以获得，可以使用《2006 年 IPCC 国家温室气体清单指南》（第 4 卷-表 11.1）、任何 IPCC 清单指南的更新版本或部分更新版本和任何关于 AFOLU 的优良做法指南中的默认值
采用的数据	0.10
数据选择论证或测定方法和程序的描述	
其他评论	

数据/参数	$Frac_{GASM}$
数据单位	N kg/kg 施 N 量
描述	有机肥类型 j 以 NH_3 和 NO_x 形式挥发的比例
数据来源	数据来自文献。如果区域、国家特征值难以获得，可以使用《2006 年 IPCC 国家温室气体清单指南》（第 4 卷-表 11.1）、任何 IPCC 清单指南的更新版本或部分更新版本和任何关于 AFOLU 的优良做法指南中的默认值
采用的数据	0.20
数据选择论证或测定方法和程序的描述	
其他评论	

数据/参数	$FC_{tillage,k,l}$
数据单位	重量或者体积/hm^2
描述	农机类型 l 耕作单位面积草地时消耗的燃料类型 k 的量
数据来源	从农机生产厂商提供的农机类型 l 的说明书中获得
采用的数据	—
数据选择论证或测定方法和程序的描述	—
其他评论	—

数据/参数	$Area_{k,l,B,t}$
数据单位	hm^2
描述	第 t 年基线情景下使用农机类型 l、化石燃料类型 k 耕作的总面积
数据来源	项目参与方
采用的数据	—
数据选择论证或测定方法和程序的描述	需要以项目开始前 3 年的使用农机类型 l、化石燃料类型 k 耕作面积记录为基础。如果难以获得这些记录，则需要在项目活动开始前进行实地调查中获得
其他评论	—

数据/参数	$FC_{transport,k,l,B,t}$
数据单位	重量或者体积
描述	第 t 年基线情景下运输导致的农机类型 l、消耗的燃料类型 k 的量
数据来源	项目参与方
采用的数据	—
数据选择论证或测定方法和程序的描述	基线情景下用于运输农用物资的农机消耗的燃料类型 k 的量，需要以项目开始前 3 年的不同农机使用的不同燃料量的记录或者采购记录为基础。如果难以获得这些记录，则应从项目活动开始前的实地调查中获得
其他评论	

续表

数据/参数	$EF_{CO_2,k}$
数据单位	t CO_2/GJ
描述	k 型燃料的 CO_2 排放因子
数据来源	采用国家发布的中国区域电网基准线排放因子(生态环境部，2019，下同)。
	如果区域、国家特征值难以获得，可以使用《2006 年 IPCC 国家温室气体清单指南》第 2 卷表 1.4 或者任何 IPCC 清单指南的更新版本或部分更新版本
采用的数据	2006 IPCC 清单指南第 2 卷能源下的表 1.4
数据选择论证或测定方法和程序的描述	
其他评论	

数据/参数	NCV_k
数据单位	GJ/重量或体积
描述	燃料类型 k 的净热值
数据来源	采用国家发改委发布的中国区域电网基准线排放因子。
	如果区域、国家特征值难以获得，可以使用《2006 年 IPCC 国家温室气体清单指南》第 2 卷表 1.2 或者任何 IPCC 清单指南的更新版本或部分更新版本
采用的数据	2006 IPCC 清单指南第 2 卷能源下的表 1.2
数据选择论证或测定方法和程序的描述	
其他评论	

数据/参数	$MT_{k,l,B,t}$
数据单位	t
描述	基线情景下农机类型 l 运送物资的总重量
数据来源	需要以项目开始 3 年前的使用农机类型 l、燃料类型 k 运送物资的总重量记录为基础。如果难以获得这些记录，则需要在项目活动开始前进行实地调查获得
采用的数据	—
数据选择论证或测定方法和程序的描述	—
其他评论	—

数据/参数	TL_l
数据单位	t
描述	农机类型 l 的载重量
数据来源	从农机生产厂商提供的农机类型 l 的说明书中获得
采用的数据	—
数据选择论证或测定方法和程序的描述	—
其他评论	—

续表

数据/参数	$\text{AD}_{k,l,B,t}$
数据单位	km
描述	第 t 年基线情景下使用农机类型 l、燃料类型 k 运送物资的平均单程距离
数据来源	需要以项目开始 3 年前的基线情景下使用农机类型 l、燃料类型 k 运送物资的平均单程距离记录为基础。如果难以获得这些记录，则需要在项目活动开始前进行实地调查获得
采用的数据	—
数据选择论证或测定方法和程序的描述	—
其他评论	—

数据/参数	$\text{SECk}_{k,l}$
数据单位	重量或体积耗油量/吨公里
描述	农机类型 l 消耗燃料类型 k 时的耗油指标
数据来源	从农机生产厂商提供的农机类型 l 的说明书中获得
采用的数据	—
数据选择论证或测定方法和程序的描述	—
其他评论	—

数据/参数	$\text{NV}_{k,l,B,t}$
数据单位	—
描述	基线情景下使用农机类型 l、燃料类型 k 的农户数
数据来源	需要以项目开始 3 年前的基线情景下使用农机类型 l、燃料类型 k 的数量记录为基础。如果难以获得这些记录，则需要在项目活动开始前进行实地调查获得
采用的数据	—
数据选择论证或测定方法和程序的描述	—
其他评论	—

数据/参数	$\text{TD}_{k,l,B,t}$
数据单位	公里
描述	基线情景下农户使用农机类型 l、燃料类型 k 的运行距离(包括往返)
数据来源	需要以项目开始 3 年前的基线情景下某一农户使用的农机类型 l、燃料类型 k 的运行的距离(包括往返)记录为基础。如果难以获得这些记录，则需要在项目活动开始前进行实地调查获得
采用的数据	—
数据选择论证或测定方法和程序的描述	—
其他评论	—

续表

数据/参数	$EF_{Limestone}$
数据单位	tC/t 石灰石
描述	石灰石($CaCO_3$)的碳排放因子
数据来源	《2006 年 IPCC 国家温室气体清单指南》，任何该清单指南的改进版本或部分改进版本和任何关于 AFOLU 的优良做法指南
采用的数据	0.12
数据选择论证或测定方法和程序的描述	使用能够代表当地情况的、经同行审议的文献中的数据。如果这一数据难以获得，可以使用 2006 IPCC 清单指南、任何 IPCC 清单指南的更新版本或部分更新版本、任何关于 AFOLU 的优良做法指南中的默认值
其他评论	

数据/参数	$EF_{Dolomite}$
数据单位	tC/t 白云石
描述	白云石[$CaMg(CO_3)_2$]的碳排放因子
数据来源	《2006 年 IPCC 国家温室气体清单指南》，任何该清单指南的改进版本或部分改进版本和任何关于 AFOLU 的优良做法指南
采用的数据	0.13
数据选择论证或测定方法和程序的描述	使用能够代表当地情况的、经同行审议的文献中的数据。如果这一数据难以获得，可以使用《2006 年 IPCC 国家温室气体清单指南》、任何 IPCC 清单指南的更新版本或部分更新版本、任何关于 AFOLU 的优良做法指南中的默认值
其他评论	

数据/参数	$M_{Limestone,B,t}$
数据单位	t
描述	第 t 年基线情景下石灰石($CaCO_3$)的使用量
数据来源	项目参与方
采用的数据	—
数据选择论证或测定方法和程序的描述	利用石灰石使用时的记录或者采购记录确定石灰石($CaCO_3$)施用量。如果不能获得石灰石用量记录，则假定石灰石用量为零
其他评论	

数据/参数	$M_{Dolomite,B,t}$
数据单位	t
描述	第 t 年基线情景下白云石的施用量[$CaMg(CO_3)_2$]
数据来源	项目参与方
采用的数据	—
数据选择论证或测定方法和程序的描述	利用石灰石使用时的记录或者采购记录确定白云石[$CaMg(CO_3)_2$]施用量。如果不能获得白云石用量记录，则假定白云石用量为零
其他评论	

续表

数据/参数	$A_{b,s,j,t}$
数据单位	hm^2
描述	第 t 年基线情景下分层 s 物种 j 的面积
数据来源	项目参与方
采用的数据	—
数据选择论证或测定方法和程序的描述	可以通过项目活动开始前在基线情景调查中获得
其他评论	

数据/参数	CF_j
数据单位	t C/t 干物质
描述	物种 j 的碳组分
数据来源	A/R CDM 方法学工具 "Estimation of carbon stocks and change in carbon stocks of trees and shrubs in A/R CDM project activities"
采用的数据	树木：0.50 ； 灌木：0.49
数据选择论证或测定方法和程序的描述	
其他评论	

数据/参数	R_j
数据单位	t 干物质/t 干物质
描述	物种 j 的根冠比
数据来源	A/R CDM 方法学工具 "Estimation of carbon stocks and change in carbon stocks of trees and shrubs in A/R CDM project activities"
采用的数据	树木：0.26 ； 灌木树种：0.40
数据选择论证或测定方法和程序的描述	
其他评论	

数据/参数	$G_{b,AB,s,j,t}$
数据单位	t 干物质/hm^2
描述	第 t 年基线情景下，分层 s 物种 j 的现存地上木本生物量的年平均净增长量
数据来源	经同行审议的适用于项目区域的科学文献、2003 GPG LULUCF、《2006 IPCC 国家温室气体清单指南》、任何 IPCC 清单指南的更新版本或部分更新版本、任何关于 AFOLU 的优良做法指南中的默认值
采用的数据	—
数据选择论证或测定方法和程序的描述	经同行审议的适用于项目区域的科学文献。如果不能获得这些数据，可从《2003 土地利用、土地利用变化和林业良好做法指南》《2006 年 IPCC 国家温室气体清单指南》等、任何 IPCC 清单指南的更新版本或部分更新版本、任何关于 AFOLU 的优良做法指南中选取默认值
其他评论	

续表

数据/参数	$G_{p,\text{AB},s,j,t}$
数据单位	t 干物质/hm^2
描述	第 t 年项目活动下，分层 s 物种 j 现存地上部木本生物量的净增加量
数据来源	经同行审议的适用于项目区域的科学文献、《2003 年良好做法指南》《土地利用、土地利用变化和林业》《2006 年 IPCC 国家温室气体清单指南》等、任何 IPCC 清单指南的更新版本或部分更新版本、任何关于 AFOLU 的优良做法指南中的默认值
采用的数据	—
数据选择论证或测定方法和程序的描述	经同行审议的适用于项目区域的科学文献。如果不能获得这些数据，可从《2003 年良好做法指南》《土地利用、土地利用变化和林业》《2006 年 IPCC 国家温室气体清单指南》等、任何 IPCC 清单指南的更新版本或部分更新版本、任何关于 AFOLU 的优良做法指南中选取默认值
其他评论	

数据/参数	$SOC_{s,m_G,\text{Equil}}$
数据单位	t C/hm^2
描述	在平衡状态下，分层 s30cm 土壤表层的土壤有机碳密度
数据来源	项目参与方
采用的数据	—
数据选择论证或测定方法和程序的描述	可以根据模型输出结果
其他评论	

数据/参数	$SOC_{s,\text{Baseline}}$
数据单位	t C/hm^2
描述	基线情景下，分层 s30cm 土壤表层的土壤有机碳密度
数据来源	项目参与方
采用的数据	—
数据选择论证或测定方法和程序的描述	在项目开始前,在每个抽样点采集 3 个样品并将样品送至有检验资质的实验室,以分析 $SOC_{s,\text{Baseline}}$ 数值。在计量期及之后的 2 年内进行电子存档
其他评论	每 5 年监测一次，从第 5 年的生长期结束开始直到计量期结束

数据/参数	D_{s,m_G}
数据单位	年
描述	管理措施改变后土壤有机碳要达到平衡状态所需要的时间
数据来源	项目参与方
采用的数据	
数据选择论证或测定方法和程序的描述	管理措施改变后土壤有机碳要达到平衡状态所需要的时间可从文献、本地或区域性研究或者模型模拟获得
其他评论	

5.8　监测方法学

5.8.1　监测计划说明

1. 项目实施监测

在项目设计文件中记录并提供以下信息：

1）项目参与牧户记录

项目参与方应记录每一个参与可持续性草地管理项目的牧户信息，包括每户的编号、户主姓名、草地的地理位置及参加协议的时间。

2）记录所有草地项目边界的地理位置

项目参与方应建立、记录并保存项目边界的地理坐标，以及边界内部的任何分层情况。地理坐标可通过实地勘测（如全球定位系统）或使用地理空间数据（如地图、GIS 数据库）来确定。

3）草地管理记录

项目参与方应记录项目减排计量期内实际采取的管理措施。

2. 抽样设计和分层（选择 2）

对项目区进行合理分层，可在不增加额外成本的情况下提高测量精度，或者在不减小测量精度的情况下降低成本。项目参与方必须事先在项目设计文件中描述项目分层情况。在项目减排计量期内，事先确定的分层边界与数量可能会发生变化。因此，在选择分层抽样之前应满足下述各项条件：①在抽样之前必须对种群进行分层；②分类必须详尽且不交叉（即所有种群元素都必须准确分类）；③各分层必须具有不同的特征或性能，否则不能保证简单随机抽样的精度；④在每一个分层中进行简单抽样。

1）分层更新

由于下列原因，在采取措施后的分层需要进行更新：

（1）在项目减排计入期内会出现意外的干扰（例如由于火灾、虫害或疾病暴发），不同程度地影响到原本处于均质状态的分层。

（2）草地管理活动的实施方式（种草）可能会影响现有各个分层。

2）取样数量

该方法学使用 CDM 执行理事会批准的最新版本工具"A/R CDM Calculation of the number of sample plots for measurements within A/R CDM project activities"确定每一分层的样本大小[①]。整个项目估算的目标精度在 95% 的置信区间上采用 15% 的精度水平。

5.8.2　需监测的数据和参数

当采用方法学中所有相关公式事先估算固碳的净温室气体减排量时，项目参与方需

---

① 清洁发展机制执行理事会第 58 次报告附录 15. A/R CDM Calculation of the number of sample plots for measurements within A/R CDM project activities. http://cdm.unfccc.int/methodologies/ARmethodologies/tools/ar-am-tool-03-V2.1.0.pdf

要监测的各项参数(表 5-4)如下:

(1)估算肥料施用造成的 N_2O 排放时,每一次施肥都应记录施肥时间、氮肥施用量、肥料类型、氮含量。

(2)估算种植豆科牧草 N_2O 的排放时,应记录每年种植豆科牧草的面积、豆科牧草每年返还到草地中的干物质量,包括地上部和地下部、豆科牧草干物质的含氮量。

(3)估算由于化石燃料消耗所造成的年 CO_2 排放时,应记录使用时间、机具类型、燃油类型、燃油消耗量。

(4)估算石灰使用造成的 CO_2 排放时,每一次施用石灰时应记录施用时间、石灰类型、用量。

(5)在计入期期间,应记录每一层的乔木和灌木面积。

(6)如果利用模型估算土壤有机碳变化时,应记录不同管理措施实施时间、管理措施涉及的草地面积。如果采用选择 2 的方法估算土壤有机碳变化,则应在计量期内每隔 5 年监测一次土壤有机碳含量、土壤的容重、含有直径大于 2mm 的岩石、根茎以及其他枯木残留物所占的百分比等参数。在土壤有机碳分析中实施的土壤采样、操作和储存、处理和测量以及质量控制程序应符合经同行审议的科学标准或国家标准。

表 5-4　监测数据和参数

数据/参数	$M_{SFi,P,t}$
数据单位	t
描述	第 t 年项目活动下化肥类型 i 的施用量
数据来源	项目参与方
测定方法和过程	施肥时由参与方记录
监测/记录的频率	计入期内每一次施用时农户记录施用量
采用的数据	—
监测设备	天平
QA/QC 程序	IPCC(2003)第 5 章,IPCC(2000)GPG 第 8 章
计算方法	计入期内,每一农户在施用时都记录化肥类型 i 的施用量,然后计算所有项目户的化肥施用总量
其他评论	

数据/参数	$M_{OFj,P,t}$
数据单位	t
描述	第 t 年项目活动下有机肥类型 j 的施用量
数据来源	项目参与方
测定方法和过程	施肥时由参与方记录
监测/记录的频率	计入期内每一次施用时农户记录施用量
采用的数据	—
监测设备	天平
QA/QC 程序	IPCC(2003)第 5 章,　IPCC(2000)GPG 第 8 章
计算方法	计入期内,每一农户在施用时都记录有机肥类型 j 的施用量,然后计算所有项目户的有机肥施用总量
其他评论	

续表

数据/参数	$Area_{g,P,t}$
数据单位	hm^2
描述	第 t 年，项目活动下固氮牧草 g 的年均种植面积
数据来源	项目参与方
测定方法和过程	记录所有参与农户拥有的固氮牧草面积。电子档案保留至计量期结束后 2 年
监测/记录的频率	每年记录一次
采用的数据	—
监测设备	GPS 或米尺
QA/QC 程序	如果记录和新测定值存在的差异超过 10%，则应同负责测量的员工探讨差异产生原因，如果有必要，则需重新测量 $Area_{g,P,t}$
计算方法	第 t 年，项目活动下所有豆科牧草种植面积之和
其他评论	

数据/参数	$Crop_{g,P,t}$
数据单位	t 干物质/hm^2
描述	第 t 年，项目活动下豆科牧草地上部和地下部年均返回到草地土壤中的干物质量
数据来源	项目参与方
测定方法和过程	测量第 t 年内项目活动下豆科牧草的地上部和地下部年均返回到草地土壤中的干物质量。种植豆科牧草地块样本容量应确保在 95% 的置信区间里达到 15% 的精度水平，在计量期及之后的 2 年进行电子存档
监测/记录的频率	每年，在生长季结束时
采用的数据	—
监测设备	天平
QA/QC 程序	由专家或有经验的员工负责采集样品。如果历史记录与新测定值存在的差异超过 10%，则应同负责测量的员工探讨产生差异原因，如果有必要，则重新测量 $Crop_{g,P,t}$
计算方法	—
其他评论	

数据/参数	$N_{content,g,P}$
数据单位	t N/t 干物质
描述	项目活动下豆科牧草 g 的干物质的含氮量
数据来源	项目参与方
测定方法和过程	项目参与方可使用针对项目区的经同行评议的科学文献中的 $N_{content,g,P}$ 数值。如果国家特征值难以获得，需要在项目活动开始之前，在项目边界内进行专家勘测，以便获取 $N_{content,g,P}$ 数值 $N_{content,g,P}$ 测量程序：在每一个样本地块中的每一个豆科牧草中选择三个样本点用于采集生物量(包括地上和地下)，将样品送至有检验资格的实验室，分析生物量中的含氮量
监测/记录的频率	每年

续表

数据/参数	$N_{content,g,P}$
采用的数据	—
监测设备	不相关
QA/QC 程序	应有专家或有经验的员工负责采集样本并送至有检验资格的实验室，以分析生物量中的含氮量
计算方法	不相关
其他评论	在计入期及之后的 2 年内进行电子存档

数据/参数	$Area_{k,l,P,t}$
数据单位	hm^2
描述	项目活动第 t 年使用农机类型 l、化石燃料 k 耕作的总面积
数据来源	项目参与方
测定方法和过程	每个农户(或农机服务单位)记录农机类型 l、化石燃料 k 耕作的总面积
监测/记录的频率	使用农机耕作之后立即记录
采用的数据	—
监测设备	
QA/QC 程序	IPCC(2003)第 5 章， IPCC(2000)GPG 第 8 章
计算方法	每次使用农机类型 l、化石燃料 k 耕作后记录耕作的面积，将每年农户使用农机类型 l、化石燃料 k 耕作的面积求和得出每年农户农机类型 l、化石燃料 k 耕作的总面积，所有农户的记录结果之和得出使用农机类型 l、化石燃料 k 耕作的总面积
其他评论	在计量期及之后的 2 年内进行电子存档

数据/参数	$FC_{transport,k,l,P,t}$
数据单位	重量或者体积
描述	项目活动下运输导致的农机类型 l、消耗的燃料类型 k 的量
数据来源	项目参与方
测定方法和过程	每个农户(或农机服务单位)记录农机类型 l、耕作消耗燃料类型 k 的燃料量
监测/记录的频率	使用农机之后立即记录
采用的数据	—
监测设备	在农用机具上安装油量计
QA/QC 程序	IPCC(2003)第 5 章， IPCC(2000)GPG 第 8 章
计算方法	每次农机使用后记录所消耗的燃油量。所有农户的记录结果之和得出农机类型 l 消耗燃料类型 k 的燃料量
其他评论	在计量期及之后的 2 年内进行电子存档

数据/参数	$MT_{k,l,P,t}$
数据单位	t
描述	项目活动第 t 年使用农机类型 l、燃料类型 k 运送物资的总重量
数据来源	项目参与方

续表

数据/参数	$\mathrm{MT}_{k,l,P,t}$
测定方法和过程	每个农户(或农机服务单位)记录农机使用时间、农机类型 l、燃料类型 k 送物资的重量
监测/记录的频率	每次使用农机后记录,每年汇总一次
采用的数据	—
监测设备	—
QA/QC 程序	IPCC(2003)第 5 章, IPCC(2000)GPG 第 8 章
计算方法	每次农机使用后记录农机类型 l 送物资的重量,所有农户的农机类型 l 运送物资的重量之和即为 $\mathrm{MT}_{k,l,P,t}$
其他评论	在计量期及之后的 2 年内进行电子存档

数据/参数	$\mathrm{AD}_{k,l,P,t}$
数据单位	km
描述	项目活动下使用农机类型 l、燃料类型 k 运送物资的平均单程距离
数据来源	项目参与方
测定方法和过程	每个农户(或农机服务单位)记录农机使用时间、农机类型 l、燃料类型 k 运输农用物资时行走的单程距离
监测/记录的频率	每次使用农机后记录,每年汇总一次
采用的数据	—
监测设备	—
QA/QC 程序	IPCC(2003)第 5 章, IPCC(2000)GPG 第 8 章
计算方法	每次农机使用后记录所行走的单程距离。所有农户的记录结果的平均得出使用农机类型 l、燃料类型 k 单程的距离
其他评论	在计量期及之后的 2 年内进行电子存档

数据/参数	$\mathrm{NV}_{k,l,P,t}$
数据单位	—
描述	项目活动下使用农机类型 l、燃料类型 k 的农户数
数据来源	项目参与方
测定方法和过程	每个农户(或农机服务单位)记录使用的农机类型
监测/记录的频率	每次使用时记录,每年汇总一次
采用的数据	—
监测设备	
QA/QC 程序	IPCC(2003)第 5 章, IPCC(2000)GPG 第 8 章
计算方法	每个农户记录农机类型,然后相同农机类型相加得出使用农机类型 l 的农户数
其他评论	在计量期及之后的 2 年内进行电子存档

续表

数据/参数	$TD_{k,l,P,t}$
数据单位	km
描述	项目活动下农户使用农机类型 l、燃料类型 k 运送物资的总距离
数据来源	项目参与方
测定方法和过程	每个农户(或农机服务单位)使用时间、农机类型、使用燃料、运行往返距离
监测/记录的频率	每次使用农机之后记录，每年汇总一次
采用的数据	—
监测设备	—
QA/QC 程序	IPCC(2003)第 5 章，　IPCC(2000)GPG 第 8 章
计算方法	农户每次农机使用后记录所运行的距离。每个农户的记录结果之和得出项目活动下该农户使用农机类型 l、燃料类型 k 运送物资的总距离
其他评论	在计量期及之后的 2 年内进行电子存档

数据/参数	$M_{\text{Limestone},p,t}$
数据单位	t
描述	第 t 年项目活动下石灰石($CaCO_3$)的年施用总量
数据来源	项目参与方
测定方法和过程	参与方在施用石灰石后立即进行记录
监测/记录的频率	第 t 年计量期内的每次施用量
采用的数据	—
监测设备	天平
QA/QC 程序	IPCC(2003)第 5 章，　IPCC(2000)GPG 第 8 章
计算方法	
其他评论	

数据/参数	$M_{\text{Dolomite},P,t}$
数据单位	t
描述	第 t 年项目活动下白云石$[CaMg(CO_3)_2]$的年总施用量
数据来源	项目参与方
测定方法和过程	参与方在白云石施用后立即进行记录
监测/记录的频率	第 t 年计量期内的每次施用
采用的数据	—
监测设备	天平
QA/QC 程序	IPCC(2003)第 5 章，　IPCC(2000)GPG 第 8 章
计算方法	
其他评论	

数据/参数	$A_{p,s,j,t}$
数据单位	hm^2
描述	分层 s 物种 j 的面积

数据/参数	$A_{p,s,j,t}$
数据来源	项目参与方
测定方法和过程	地图、影像图像、田间 GPS 测量。需要水平投影面积
监测/记录的频率	第 t 年生长季开始时监测
采用的数据	—
监测设备	GPS 或刻度尺
QA/QC 程序	如果乔木和灌木的面积历史记录与新测定值存在的差异超过 10%，则应同负责测量的员工探讨产生差异原因，如果有必要，应重新测量
计算方法	第 t 年，项目活动下分层 s 乔木和灌木的总面积
其他评论	

数据/参数	$PA_{s,m_G,t}$
数据单位	hm^2
描述	分层 s 管理措施的 m_G 的面积
数据来源	项目参与方
测定方法和过程	记录采取草地管理措施的面积。在计入期及之后的 2 年内进行电子存档
监测/记录的频率	每年在实施管理后记录和报告管理区面积和管理措施详细记录
采用的数据	—
监测设备	GPS 或者刻度尺
QA/QC 程序	IPCC(2003) 第 5 章， IPCC(2000) 第 8 章
计算方法	实施管理措施的总草地面积
其他评论	

数据/参数	$SOC_{s,m_G,i,t}$
数据单位	g C/1000g
描述	分层 s、管理措施 m_G、监测样地 i 表层 30cm 土壤的平均有机碳含量
数据来源	项目参与方
测定方法和过程	在每个抽样点采集 3 个样品并将样品送至有检验资质的实验室,以分析 $SOC_{s,m_G,i,t}$ 数值。在计量期及之后的 2 年内进行电子存档
监测/记录的频率	每 5 年监测一次，监测时间为第四季度
采用的数据	—
监测设备	总碳分析仪
QA/QC 程序	专家或有经验的技术人员负责采集土壤样品并由有资质的实验室测量有机碳含量
计算方法	—
其他评论	

续表

数据/参数	$BD_{s,m_G,i,t}$
数据单位	g/cm^3
描述	分层 s、管理措施 m_G、监测样地 i 表层 30cm 土壤的土壤容重
数据来源	项目参与方
测定方法和过程	在每个抽样点采集 3 种样品并将样品送至有资质的实验室分析 $BD_{s,m_G,i,t}$ 数值。在计量期及之后的 2 年内进行电子存档。
监测/记录的频率	每 5 年监测一次，监测时间为第四季度
采用的数据	—
监测设备	环刀、烘箱和天平
QA/QC 程序	由专家或有经验的技术人员负责采集土壤样品并由有资质的实验室测量土壤容重
计算方法	土壤重量除以土壤体积
其他评论	

数据/参数	$FC_{s,m_G,i,t}$
数据单位	%
描述	第 t 年项目活动下，分层 s、管理措施 m_G、监测样地 i 表层 30cm 土壤的直径大于 2mm 的砾石、根茎和其他枯木残余物所占的比例
数据来源	项目参与方
测定方法和过程	在每个抽样点采集 3 个样品并将样品送至有资质的实验室，以分析 $FC_{s,m_G,i,t}$ 数值。在计量期及之后的两年内进行电子存档
监测/记录的频率	每 5 年监测一次，监测时间为第四季度
采用的数据	—
监测设备	2mm 直径筛网
QA/QC 程序	由专家或有经验的技术人员负责采集土壤样品并由有资质的实验室测量 $FC_{s,m_G,i,t}$ 数值
计算方法	用直径大于 2mm 的岩石、根茎和其他枯木残余物的重量除以总土壤重
其他评论	

数据/参数	A_s
数据单位	hm^2
描述	分层 s 的总面积
数据来源	项目参与方
测定方法和过程	记录每一块采取可持续管理的草地分层 s 的面积，然后进行求和
监测/记录的频率	每年记录和报告每一块采取可持续管理的草地分层 s 的总面积
采用的数据	—
监测设备	GPS 或者刻度尺
QA/QC 程序	IPCC(2003)第 5 章、IPCC(2000)第 8 章
计算方法	每块土地分层 s 的总面积
其他评论	

第6章　温室气体排放核算与报告要求：种植业机构

6.1　规范性引用文件

　　下列文件对于本文件的应用是必不可少的。凡是注日期的引用文件，仅所注日期的版本适用于本文件。凡是不注日期的引用文件，其最新版本（包括所有的修改单）适用于本文件：

GB/T 213—2008　煤的发热量测定方法；

GB/T 384—1981　石油产品热值测定法；

GB 17167—2006　用能单位能源计量器具配备和管理通则；

GB/T 22723—2008　天然气能量的测定；

GB/T 22923—2008　肥料中氮、磷、钾的自动分析仪测定法；

GB/T 32150—2015　工业企业温室气体排放核算和报告通则；

NY 525—2012　有机肥料；

GB/T 23111—2008　非自动衡器；

GB/T 6422—2009　用能设备能量测试导则；

GB/T 15316—2009　节能监测技术通则。

6.2　范　　围

　　本章规定了种植业机构温室气体排放量的核算和报告相关的术语和定义、核算边界、核算步骤与核算方法、数据质量管理、报告内容和格式等内容。

　　本章适用于种植业机构温室气体排放量的核算和报告。种植业机构应按照本部分提供的方法核算温室气体排放量，并编制种植业机构的温室气体排放报告。

6.3　术语和定义

　　GB/T 32150—2015 界定的以及下列术语和定义适用于本文件。为了方便使用，以下重复列出了 GB/T 32150—2015 中的某些术语和定义。

1) 温室气体 (greenhouse gas)

　　大气层中自然存在的和由于人类活动产生的能够吸收和散发由地球表面、大气层和云层所产生的、波长在红外光谱内的辐射的气态成分（GB/T 32150—2015 ）（本部分只涉及 CO_2、CH_4 和 N_2O 三种温室气体）。

2）报告主体（reporting entity）

具有温室气体排放行为的种植业法人机构或视同法人的独立核算单位。

3）核算边界（accounting boundary）

与报告主体（3.2）的生产经营活动相关的温室气体排放的范围[GB/T 32150—2015，定义3.3]。

4）种植业机构（agricultural farming organization）

以种植农作物（粮食作物、油料作物、棉花、麻类、糖料、蔬菜、果树、茶叶、花卉、中药材、草类、绿肥等）为主营业务的种植业企业、农业合作社、家庭农场、农业产业园、农业科技园等独立核算单位。

5）化石燃料燃烧排放（fossil fuel combustion emission）

化石燃料在氧化燃烧过程中产生的温室气体排放。

6）稻田 CH_4 排放（methane emission resulted from rice paddy）

在厌氧环境条件下，稻田中土壤有机碳经微生物代谢活动产生的 CH_4，并通过稻茎的传输、气泡和液相扩散排放到大气中。

7）农田 N_2O 排放（nitrous oxide emission resulted from fertilization）

农田 N_2O 排放包括施入到农田（包括果园、菜地、茶树等）的氮经过硝化和/或反硝化作用生成 N_2O，并向大气中排放，也包括间接向大气排放的 N_2O。间接排放的 N_2O 包括两部分：①施入到农田的氮以氨气和氮氧化物挥发到大气，又通过干湿沉降到地面、湖泊和河流后，经硝化反硝化作用生成 N_2O 并向大气排放；②施入到农田的氮经过淋溶到地下水和地表水径流之后，经硝化反硝化作用生成 N_2O 并向大气排放。

8）收获指数（harvest index）

作物经济产量与地上部分生物产量的比例（干重）。

9）根冠比（root-shoot ratio）

作物地下部根系的生物量干重与地上部的秸秆生物量干重的比例。

10）购入的电力、热力产生的排放（emission from purchased electricity and heat）

种植业机构消费的购入电力、热力所对应的电力、热力生产环节产生的 CO_2 排放热力包括蒸汽、热水等。

11）输出的电力、热力产生的排放（emission from exported electricity and heat）

种植业机构输出的电力、热力所对应的电力、热力生产环节产生的 CO_2 排放热力包括蒸汽、热水等。

12）活动数据（activity data）

导致温室气体排放的生产或消费活动量的表征值[GB/T 32150—2015，定义 3.12]例如稻田种植面积、氮肥使用量（包括化肥、有机肥、秸秆还田中的氮量）、各种化石燃料的消耗量、购入的电量、热量等。

13）排放因子（emission factor）

表征单位生产或消费活动量的温室气体排放的系数。[GB/T 32150—2015，定义 3.13]（例如单位面积稻田的 CH_4 排放量、施用每千克氮肥（折纯量）所产生的千克 N_2O-N 排放量、购入的每千瓦时电量所对应的 CO_2 排放量等）。

14）全球增温潜势（global warming potential, GWP）

将单位质量的某种温室气体在给定时间段内辐射强迫的影响与等量CO_2辐射强迫影响相关联的系数[GB/T 32150-2015, 定义 3.15]。

15）二氧化碳当量（CO$_2$eq）

在辐射强迫上与某种温室气体质量相当的CO_2的量。二氧化碳当量等于给定温室气体的质量乘以它的全球变暖潜势值[GB/T 32150—2015, 定义 3.16]。

6.4 核 算 边 界

6.4.1 概述

报告主体应以法人企业或视同法人的独立核算单位为机构边界，核算和报告其生产系统产生的温室气体排放。生产系统包括主要生产系统(如土壤耕作、播种、收获、病虫害防治、施肥、灌溉、水稻种植等)、辅助生产系统(动力、供电、供水、库房、运输、农产品储存与加工等)和直接为生产服务的附属生产系统(如职工食堂、厂部)。如果上述边界内发生作业外包或机械租赁等活动，因农用机械等产生的化石燃料燃烧及购入、输出的电力和/或热力排放，亦应算作本报告主体的温室气体排放进行核算。核算边界如图 6-1 所示。

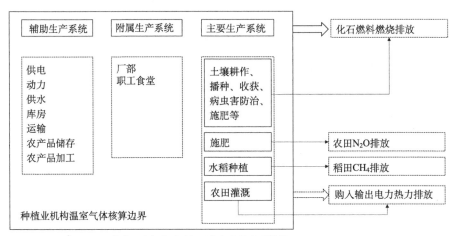

图 6-1 种植业机构核算边界图

种植业机构在生产管理过程中，其生产系统温室气体排放包括：化石燃料燃烧CO_2排放、稻田CH_4排放、农田N_2O排放、购入电力和热力等导致的CO_2排放、输出电力和热力等导致的CO_2排放。

如果报告主体还从事农作物种植以外的生产活动(如养殖)，并存在本部分未涵盖的温室气体排放源，可按照其他相关行业的企业温室气体排放核算和报告要求进行核算并汇总报告(报告格式如附录 B 所示)。

6.4.2　核算和报告范围

1. 化石燃料燃烧 CO_2 排放

报告主体在农作物生产过程中田间管理(耕作、播种、灌溉、施肥、病虫害防治、秸秆还田等)、运输(农用物资、农产品、秸秆等)、农产品储存加工等过程的化石燃料消耗产生的 CO_2 排放。

2. 稻田 CH_4 排放

报告主体在水稻种植过程中产生的稻田 CH_4 排放。

3. 农田 N_2O 排放

报告主体农田施用各种含氮肥料(无机肥料、有机肥料、秸秆还田)导致的直接和间接的 N_2O 排放。

4. 购入的电力、热力 CO_2 排放

报告主体消费的购入的电力、热力所对应的 CO_2 排放。

5. 输出的电力、热力 CO_2 排放

报告主体输出的电力、热力所对应的 CO_2 排放。

6.5　计 量 要 求

6.5.1　参数识别

种植业机构温室气体排放计量参数的类型见表 6-1。

表 6-1　种植业机构温室气体排放计量参数识别

排放源名称	具体的排放源	计量参数类型	计量方法
化石燃料燃烧	煤、柴油、重油、煤气、天然气、液化石油气、煤焦油等化石燃料燃烧排放	化石燃料消耗量 低位发热量	购买发票 检测报告
稻田 CH_4 排放	水稻种植过程中产生的稻田 CH_4 排放	稻田种植面积	土地丈量法、土地租赁合同或土地使用权证明
农田 N_2O 排放	农田施用含氮肥料产生的直接和间接 N_2O 排放	化肥、有机肥、秸秆还田	化肥和有机肥施用量采用记录台账或购买发票计量 秸秆还田量根据产量和收获指数计算
		氮肥含氮率	产品包装袋说明、产品说明书或检测报告

续表

排放源名称	具体的排放源	计量参数类型	计量方法
购入和输出的电力及热力产生的排放	生产过程购入和输出的电力产生的排放	购入和输出电量	电表
	生产过程购入和输出的热力产生的排放	购入和输出蒸汽量、蒸汽温度、蒸汽压力	流量仪表、温度仪表、压力仪表
		购入和输出热水量、热水温度	流量仪表、温度仪表

6.5.2 化石燃料消耗量计量要求

种植业机构在生产过程消耗的化石燃料包括天然气、煤气、液化石油气、重油、柴油、煤等。化石燃料消耗量的计量要求见表 6-2。

表 6-2 化石燃料消耗量计量要求

燃料类型	计量器具	准确度等级	计量设备溯源方式	溯源频次	计量频次	记录频次	安装位置
固态燃料	非自动衡器	—	—	—	购买发票	每批	—
液态燃料	油流量计	—	—	—	购买发票	每次	—
气态燃料	气体流量计	—	—	—	购买发票	每次	—

6.5.3 稻田 CH_4 排放计量要求

种植业机构种植面积应使用土地丈量、土地转让合同或者土地使用合同等计量双季早稻、双季晚稻、中稻和一季晚稻的种植面积，并做好相应的台账。

6.5.4 N_2O 排放计量要求

1. 氮肥施用量计量要求

种植业机构化肥施用量应根据肥料购买合同计量，并记录每批次进货量，每月统计一次进货量；有机肥施用量应使用计量衡器称量，每月统计一次施用量；秸秆还田量应根据产量和经济系数计量，作物产量应使用计量衡器称量。种植业机构应做好化肥施用量、有机肥施用量和秸秆还田量相应的台账。

2. 氮肥施用量的计量器具要求

种植业机构应购买符合 GB/T 23111—2008 要求的计量衡器。

3. 氮肥含氮量的计量要求

化肥含氮率应从产品包装或者产品说明书中获得，如果产品包装或者产品说明书中没有含氮率信息，机构应按照 GB/T 22923—2008 标准对每次购买的化肥含氮率进行检测，并取加权平均值。

有机肥含氮率应从产品包装或者产品说明书中获得，如果产品包装或者产品说明书中没有含氮率信息或者是自产有机肥，种植业机构应将样品送到具有检测资质的机构或应按照 NY 525 标准对每一批次的进行检测，并取加权平均值。

秸秆含氮量应从附录 C 表 C-6 提供的推荐值。

6.5.5 购入和输出电力和热力计量要求

1. 购入和输出电力的计量要求

电表的准确度等级应高于 0.5，电表的检定、校准频率为每年一次，计量/监测频次为连续监测，购入和输出电力量应采用电网的电费发票或者结算单等结算凭证上的数据。

2. 购入和输出热力的计量要求

种植业机构应按 GB/T 29452—2012 的要求配备相应的热力表，蒸汽、热水的流量仪表监测要求应符合 GB/T 32201—2015 的要求；安装于到输入和输出处，应按 GB/T 17286—2016 进行检定或校准。热力的计量监测要求见表 6-3。

表 6-3 热力计量监测要求

分类	准确度等级	计量设备溯源方式	溯源频次	计量/监测频次	记录频次	安装位置
蒸汽	流量仪表：2.5 温度仪表：1.0 压力仪表：1.0	检定/校准	1 次/12 个月	连续	每月	输入与输出处
热水	流量仪表：2.5 温度仪表：1.0	检定/校准	1 次/12 个月	连续	每月	输入与输出处

6.5.6 监测计量管理要求

种植业企业宜加强监测计量管理工作，至少包括：

(1) 企业应设立专人负责能源计量器具的管理，负责能源计量器具的配备、使用、检定(校准)、维修及报废等管理工作。

(2) 企业能源计量管理人员应通过有关部门的培训考核，持证上岗；并建立和保存能源计量管理人员的技术档案。

(3) 能源计量器具的检定、校准及维修人员，应具有相应的资质。

(4) 企业应建立计量器具一览表。表中应列出计量器具的名称、规格型号、准确度等级、生产厂家、出厂标号、本单位管理编号、安装使用地点、状态(指合格、准用、停用等)。

(5) 用能设备的设计、安装和使用应符合 GB/T 6422—2009、GB/T 15316—2009 中关于用能设备的能源监测要求。

(6)机构应建立计量器具档案，内容包括：

(a)计量器具使用说明书；

(b)计量器具出厂合格证；

(c)计量器具最近两个连续周期的检定(测试、校准)证书；

(d)计量器具维修记录；

(e)计量器具其他相关信息。

(7)企业的计量器具，凡属于自行校准且自行规定校准间隔的，应有现行有效的受控文件作为依据。

(8)计量器具应定期检定(校准)。凡经检定(校准)不符合要求或超过检定周期的计量器具不应使用。属于强制检定的计量器具，其检定周期应遵守有关计量法律法规的规定。

(9)在用的计量器具应在明显位置粘贴与计量器具一览表编号对应的标签，以备查验和管理。

6.6 核算步骤与核算方法

6.6.1 核算步骤

报告主体进行温室气体排放核算的工作流程包括以下步骤：

(1)确定核算边界，识别温室气体源；

(2)制订监测计划；

(3)收集活动数据，选择和获取排放因子数据；

(4)分别计算稻田 CH_4 排放、农田 N_2O 排放、化石燃料燃烧 CO_2 排放、购入的电力和热力 CO_2 排放、输出的电力和热力 CO_2 排放；

(5)汇总计算机构温室气体排放总量。

6.6.2 核算方法

报告主体的温室气体排放总量等于稻田 CH_4 排放、农田 N_2O 排放、化石燃料燃烧 CO_2 排放、购入的电力和热力产生的 CO_2 排放之和，减去输出的电力和热力所对应的 CO_2 排放，按式(6-1)计算：

$$E = E_{燃烧} + E_{CH_4稻田} + E_{N_2O农田} + E_{购入电} + E_{购入热} - E_{输出电} - E_{输出热} \tag{6-1}$$

式中，E 为报告主体的温室气体排放总量，$t\,CO_2eq$；$E_{燃烧}$ 为化石燃料燃烧 CO_2 排放量，$t\,CO_2$；$E_{CH_4稻田}$ 为稻田 CH_4 排放量，$t\,CO_2eq$；$E_{N_2O农田}$ 为农田 N_2O 排放量，$t\,CO_2eq$；$E_{购入电}$ 为购入电力 CO_2 排放量，$t\,CO_2$；$E_{购入热}$ 为购入热力 CO_2 排放量，$t\,CO_2$；$E_{输出电}$ 为输出电力所对应的 CO_2 排放量，$t\,CO_2$；$E_{输出热}$ 为输出热力所对应的 CO_2 排放量，$t\,CO_2$。

1. 化石燃料燃烧 CO_2 排放

1)计算公式

报告主体在核算和报告年度内田间管理、运输过程以及机构其他活动(农产品储存、加工等)化石燃料燃烧产生的 CO_2 排放量按式(6-2)计算：

$$E_{燃烧} = \sum_i AD_i \times EF_i \tag{6-2}$$

式中，$E_{燃烧}$ 为化石燃料燃烧 CO_2 排放量，$t\,CO_2$；AD_i 为核算和报告年度内第 i 种化石燃料的活动数据，GJ；EF_i 为第 i 种化石燃料的 CO_2 排放因子，$t\,CO_2/GJ$；i 为化石燃料类型代号。

2）活动数据获取

化石燃料燃烧的活动数据是核算和报告年度内各种化石燃料的消耗量与平均低位发热量的乘积，按式(6-3)计算：

$$AD_i = NCV_i \times FC_i \tag{6-3}$$

式中，AD_i 为核算和报告年度内第 i 种化石燃料的活动数据，GJ；NCV_i 为第 i 种化石燃料的平均低位发热量(对固体和液体化石燃料单位为 GJ/t；对气体化石燃料单位为 GJ/万 Nm^3)；FC_i 为核算和报告年度内第 i 种化石燃料的消耗量(对固体和液体化石燃料单位为 t；对气体化石燃料单位为万 Nm^3)。

式(6-3)中各参数值按以下方式确定：

(a)化石燃料消耗量。化石燃料的消耗量应根据报告主体能源消耗实际测量值确定，具体测量器具的标准应符合 GB 17167—2006 的相关要求。

(b)低位发热量。具备条件的机构可开展实测，或委托专业机构进行检测，也可采用与相关方结算凭证中提供的检测值。如采用实测，化石燃料低位发热量检测应遵循 GB/T 213—2008、GB/T 384—1981、GB/T 22723—2008 等相关标准。不具备条件的机构可采用附录 C 表 C-1 的推荐值。

3）排放因子获取

化石燃料燃烧的 CO_2 排放因子按式(6-4)计算：

$$EF_i = CC_i \times OF_i \times \frac{44}{12} \tag{6-4}$$

式中，EF_i 为第 i 种化石燃料的 CO_2 排放因子，$t\,CO_2/GJ$；CC_i 为第 i 种化石燃料的单位热值含碳量，$t\,C/GJ$；OF_i 为第 i 种化石燃料的碳氧化率，%；44/12 为二氧化碳与碳的相对分子质量之比，$t\,CO_2/tC$；i 为化石燃料类型代号。

报告主体采用本部分提供的燃料单位热值含碳量和碳氧化率推荐值，见附录 C 表 C-1。

2. 稻田甲烷排放

1）计算公式

稻田 CH_4 排放量按式(6-5)计算：

$$E_{CH_4稻田} = \sum_j (AD_j \times EF_j) \times 0.001 \times GWP_{CH_4} \tag{6-5}$$

式中，$E_{CH_4稻田}$ 为稻田甲烷排放量，$t\,CO_2eq$；AD_j 为核算和报告年度内第 j 类稻田的种植面积，hm^2；EF_j 为第 j 类稻田的甲烷排放因子，$kg\,CH_4/hm^2$；j 为稻田类型，分别指早稻、双季晚稻、中稻和一季晚稻；GWP_{CH_4} 为甲烷的全球变暖潜势，t CO_2eq/t CH_4，推荐值为 21；0.001 为单位换算系数，无量纲。

2）活动数据获取

报告主体应根据农作物种植面积的统计台账或统计报表确定不同类型水稻的种植面积 AD_j。

3）排放因子获取

排放因子 EF_j 采用附录 C：表 C-2 中的推荐值。

3. 农田 N_2O 排放

1）计算公式

农田施肥导致的 N_2O 排放量按式(6-6)计算：

$$E_{N_2O农田} = \left(E_{N_2O直接} + E_{N_2O挥发} + E_{N_2O淋溶和径流} \right) \times GWP_{N_2O} \tag{6-6}$$

式中，$E_{N_2O农田}$ 为农田 N_2O 排放量，t CO_2eq；$E_{N_2O直接}$ 为农田 N_2O 直接排放量，t N_2O；$E_{N_2O挥发}$ 为施肥造成的氨气和氮氧化物挥发后，通过干湿沉降到地面、湖泊和河流后的 N_2O 间接排放量，t N_2O；$E_{N_2O淋溶和径流}$ 为施肥造成的氮淋溶和径流 N_2O 间接排放量，t N_2O；GWP_{N_2O} 为 N_2O 的全球变暖潜势值，t CO_2eq/t N_2O，推荐值为 310。

A. 农田 N_2O 直接排放

农田 N_2O 直接排放量按式(6-7)计算：

$$E_{N_2O直接} = \sum N_f \times EF_{施肥} \times \frac{44}{28} \tag{6-7}$$

式中，$E_{N_2O直接}$ 为农田 N_2O 直接排放量，t N_2O；N_f 为核算和报告年度内施用到农田的不同类型的氮总量，包括化肥、有机肥、秸秆还田中的含氮量，分别按着式(6-10)～式(6-12)计算，t N；$EF_{施肥}$ 为农田 N_2O 直接排放因子，t N_2O-N/t N 施氮量。农田 N_2O 直接排放因子的推荐值参见附录 C 表 C-3；f 为肥料类型代号，包括化肥、有机肥、秸秆还田 44/28 为 N_2O-N 转化成 N_2O 的系数，t N_2O/t N_2O-N。

B. 农田施肥氨挥发后氮沉降的 N_2O 间接排放

农田氨挥发后氮沉降引起的 N_2O 间接排放量按式(6-8)计算：

$$E_{N_2O挥发} = \sum{}_f \left(N_f \times FRAC_{挥发,\,f} \right) \times EF_{挥发} \times \frac{44}{28} \tag{6-8}$$

式中，$E_{N_2O挥发}$ 为施肥造成的氨气和氮氧化物挥发后，通过干湿沉降到地面、湖泊和河流后的间接排放量，t N_2O；N_f 为核算和报告年度内施用到农田的氮总量，包括化肥、有机肥、秸秆还田中的氮量，分别按着式(6-10)～(6-12)计算，t N；$FRAC_{挥发,\,f}$ 为施入到农田的氮以氨气和氮氧化物挥发的比例，%。不同肥料氨气和氮氧化物挥发比率的推荐值参见附录 C 表 C-4；$EF_{挥发}$ 为农田氨气和氮氧化物挥发后的氮沉降引起的 N_2O 间接排放因子，t N_2O-N/t N 氨气和氮氧化物挥发量。氨气和氮氧化物挥发的 N_2O 间接排放因子的推荐值参见附录 C 表 C-5；f 为肥料类型代号，包括化肥、有机肥、秸秆还田；44/28 为 N_2O-N 转化成 N_2O 的系数，tN_2O/tN_2O-N。

C. 农田施肥淋溶径流的 N_2O 间接排放

农田氮淋溶径流引起的 N_2O 间接排放按式(6-9)计算：

$$E_{N_2O淋溶和径流} = \sum N_f \times FRAC_{淋溶和径流} \times EF_{淋溶和径流} \times \frac{44}{28} \tag{6-9}$$

式中，$E_{N_2O淋溶和径流}$ 为施肥造成的氮淋溶和径流 N_2O 间接排放量，t N_2O；N_f 为核算和报告年度内施用到农田的氮总量，包括化肥、有机肥、秸秆还田中的氮量，分别按着式(6-10)~(6-12)计算，t N；$FRAC_{淋溶和径流}$ 为施入到农田的氮肥的淋溶和径流比例，%。氮淋溶和径流比例的推荐值见附录 C 表 C-4；$EF_{淋溶和径流}$ 为氮淋溶和径流损失引起的 N_2O 间接排放因子，t N_2O-N/t N 淋溶和径流量，氮淋溶和径流 N_2O 间接排放因子的推荐值见附录 C 表 C-5；f 为肥料类型代号，包括化肥、有机肥、秸秆还田；44/28 为将 N_2O-N 转化成 N_2O 的系数，t N_2O/t N_2O-N。

2) 活动数据获取

报告主体施入到农田的氮量应包括 3 类：化肥氮施用量、有机肥氮施用量和秸秆还田氮量(包括地上秸秆还田氮和地下根氮)，分别按式(6-10)~式(6-12)计算：

$$N_{化肥} = \sum (IF_k \times F_{IN,k}) \tag{6-10}$$

式中，$N_{化肥}$ 为化肥氮折纯量。应根据每种氮肥施用量乘以其含氮率，t N；IF_k 为化肥种类 k 的施用量，t；$F_{IN,k}$ 为化肥种类 k 的含氮率，t N/t。化肥种类 k 的含氮率可以从产品包装或者产品说明书中获得，如果产品包装或者产品说明书中没有含氮率信息，可采用 GB/T 22923—2008 测定化肥的含氮率；k 代表化肥种类。

$$N_{有机肥} = \sum_m (OF_m \times F_{ON,m}) \tag{6-11}$$

式中，$N_{有机肥}$ 为有机肥氮折纯量，应根据有机肥施用量乘以其含氮率计算，t N；OF_m 为有机肥种类 m 的施用量，t；$F_{ON,m}$ 为有机肥种类 m 的含氮率，t N/t，有机肥种类 m 的含氮率可以从产品包装或者产品说明书中获得，如果是自己生产的有机肥或者从产品包装、产品说明书中无法获得有机肥种类 m 的含氮率，报告主体可以将样品送到具有检测资质的机构或采用 NY 525 测定有机肥中的含氮率；m 代表有机肥种类。

$$N_{秸秆} = \sum_c \left(\frac{Y_c}{E_c} - Y_c \right) \times RN_c \times (R_c + RS_c) \tag{6-12}$$

式中，$N_{秸秆}$ 为秸秆还田氮量(包括地上秸秆还田氮和地下根氮)，t N；Y_c 为作物 c 的经济产量，t；E_c 为作物 c 的收获指数，%；R_c 为作物 c 的秸秆还田量比例，t 秸秆还田量/t 秸秆产量；RN_c 为作物 c 的秸秆和根系含氮率，t N/t 秸秆或根系；RS_c 为作物 c 的根冠比，无量纲；c 代表农作物种类。

报告主体应以生产记录、统计台账或统计报表为依据，分别按式(6-10)~式(6-12)

计算施用到农田的氮量。计算秸秆还田氮量时，在缺少作物收获指数、根冠比、秸秆和根系含氮率的实际观测数据情况下，报告主体可采用附录 C 表 C-6 提供的推荐值。

3）排放因子获取

农田 N_2O 直接排放因子采用附录 C 表 C-3 提供的推荐值。N_2O 间接排放因子采用附表 C-5 提供的推荐值。

4. 购入的电力、热力产生的排放

1）购入电力 CO_2 排放

购入电力产生的 CO_2 排放按式（6-13）计算：

$$E_{购入电} = AD_{购入电} \times EF_{电} \qquad (6-13)$$

式中，$E_{购入电}$ 为购入电力所产生的 CO_2 排放，$t\,CO_2$；$AD_{购入电}$ 为报告主体在核算报告年度内购入的电力量，$MW\cdot h$；$EF_{电}$ 为电力生产二氧化碳排放因子，$t\,CO_2/(MW\cdot h)$。

2）购入热力 CO_2 排放

购入热力产生的 CO_2 排放量按式（6-14）计算：

$$E_{购入电} = AD_{购入电} \times EF_{热} \qquad (6-14)$$

式中，$E_{购入电}$ 为购入热力产生的 CO_2 排放，$t\,CO_2$；$AD_{购入电}$ 为报告主体在核算报告年度内购入的热力量，GJ；$EF_{热}$ 为热力生产 CO_2 排放因子，$t\,CO_2/GJ$。

3）活动数据获取

报告主体购入电量数据，以结算电表为准，如果没有，可采用供应商提供的电费发票或者结算单等结算凭证上的数据。

报告主体购入热力数据，以结算热力表或计量表为准，如果没有，可采用供应商提供的供热量发票或者结算单等结算凭证上的数据。

4）排放因子获取

电力排放因子采用国家主管部门最新公布的电网排放因子。

热力排放因子采用推荐值 $0.11\,t\,CO_2/GJ$。

5. 输出的电力、热力产生的排放

1）输出电力产生的 CO_2 排放

输出电力所产生的 CO_2 排放量按式（6-15）计算：

$$E_{输出电} = AD_{输出电} \times EF_{电} \qquad (6-15)$$

式中，$E_{输出电}$ 为输出电力所产生的 CO_2 排放，$t\,CO_2$；$AD_{输出电}$ 为报告主体在核算报告年度内输出的电力量，$MW\cdot h$；$EF_{电}$ 为电力生产 CO_2 排放因子，$t\,CO_2/(MW\cdot h)$。

2）输出热力 CO_2 排放

输出热力所产生的 CO_2 排放量按式（6-16）计算：

$$E_{输出热} = AD_{输出热} \times EF_{热} \qquad (6-16)$$

式中，$E_{输出热}$ 为输出热力所产生的 CO_2 排放，$t\,CO_2$；$AD_{输出热}$ 为报告主体在核算报告年度内输出的热力量，GJ；$EF_热$ 为热力生产的 CO_2 排放因子，$t\,CO_2/GJ$。

3) 活动数据获取

报告主体输出电量数据，以结算电表为准，如果没有，可采用供应商提供的电费发票或者结算单等结算凭证上的数据。

报告主体输出热力数据，以结算热力表或计量表为准，如果没有，可采用供应商提供的供热量发票或者结算单等结算凭证上的数据。

4) 排放因子获取

电力排放因子采用国家主管部门最新公布的电网排放因子，见附录 C 表 C-7。

热力排放因子可取推荐值 $0.11\,t\,CO_2/GJ$。

6.7　数据质量管理

报告主体应加强温室气体数据质量管理工作，包括但不限于以下几点。

(1) 建立温室气体排放核算和报告的规章制度，包括负责部门和人员、工作流程和内容、工作周期和时间节点等；指定专职人员负责温室气体排放核算和报告工作；

(2) 根据各种类型的温室气体排放源的重要程度对其进行等级划分，并建立温室气体排放源一览表，对不同等级的排放源的活动数据和排放因子数据的获取提出相应的要求；

(3) 对现有监测条件进行评估，并参照附录 D 的模板制定相应的监测计划，包括对活动数据的监测和定期对计量器具、检测设备和在线监测仪表进行维护管理，并记录存档；

(4) 建立健全温室气体数据记录管理体系，包括数据来源，数据获取时间以及相关责任人等信息的记录管理；

(5) 建立温室气体排放报告内部审核制度。定期对温室气体排放数据进行交叉校验，对可能产生的数据误差风险进行识别，并提出相应的解决方案。

6.8　报告内容和格式

6.8.1　概述

报告内容应包括报告主体基本信息、温室气体排放量、活动数据及其来源和排放因子及其来源；报告格式参照附录 B 的格式。

6.8.2　报告主体基本信息

基本信息应包括报告主体名称、单位性质、报告年度、所属行业、统一社会信用代码、法定代表人、填报负责人和联系人信息等。

6.8.3　温室气体排放量

报告主体应报告年度温室气体排放总量，并分别报告稻田甲烷排放量、农田氧化亚氮排放量、化石燃料燃烧 CO_2 排放量、购入电力/热力 CO_2 排放量、输出电力/热力 CO_2 排放量。

6.8.4　活动数据及来源

报告主体应报告生产过程中的相关活动数据及其来源，包括水稻种植面积、肥料类型及施用量、种植的农作物类型、产量及收获指数、秸秆还田面积与比例，秸秆和根系含氮量、根冠比、化石燃料燃烧量，购入电力/热力、输出电力/热力等。

如果报告主体生产其他产品，则应按照相关行业的企业温室气体报告的要求报告其活动数据及来源。

6.8.5　排放因子及来源

报告主体应报告生产活动涉及上述温室气体排放计算所需的排放因子取值及来源，包括稻田 CH_4 排放因子、农田 N_2O 直接与间接排放因子、农田氨气和氮氧化物挥发量比例、氮淋溶和径流的比例、消耗的各种化石燃料的低位发热量、单位热值含碳量和碳氧化率、购入/输出的电力/热力造成的 CO_2 排放因子。

如果报告主体生产其他产品，则应按照相关行业的企业温室气体报告的要求报告其排放因子数据及其来源。

参 考 文 献

国家气候变化对策协调小组办公室. 2006. 中国清洁发展机制项目开发指南. 北京：中国环境科学出版社.

生态环境部. 2019. 2019 年度中国区域电网二氧化碳基准线排放因子 OM 计算说明. http://www.mee.gov.cn/ywgz/ydqhbh/wsqtkz/202012/W020201229610353816665.pdf.

中华人民共和国国家标准. 2008. GB/T 213-2008 煤的发热量测定方法.中国国家标准化管理委员会和中华人民共和国国家质量监督检验检疫总局.

中华人民共和国国家标准. 1988. GB/T 384-64 石油产品热值测定法.国家标准总局.

中华人民共和国国家标准. 2006. GB 17167-2006 用能单位能源计量器具配备和管理通则.国家标准化管理委员会.

中华人民共和国国家标准. 2008. GB/T 22723-2008 天然气能量的测定.中国国家标准化管理委员会和中华人民共和国国家质量监督检验检疫总局.

中华人民共和国国家标准. 2008. GB/T 22923-2008 肥料中氮、磷、钾的自动分析仪测定法.中国国家标准化管理委员会和中华人民共和国国家质量监督检验检疫总局.

中华人民共和国国家标准. 2015. GB/T 32150-2015 工业企业温室气体排放核算和报告通则.中国国家标准化管理委员会和中华人民共和国国家质量监督检验检疫总局.

中华人民共和国农业行业标准. 2011. NY 525-2012 有机肥料.中华人民共和国农业部.

Bronson W, Griscoma, Justin A, et al. 2017. Natural climate solutions. Proc Natl Acad Sci, 114: 11645-11650.

Cevallos G, Grimault J, Bellassen V. 2019. Domestic carbon standards in Europe. Overview and perspectives. Energy Planning, Policy and Economy, 51 (19): 6-13.

Gather C, Niederhafner S. 2018. Future of the Voluntary Carbon Markets in the Light of the Paris Agreement Perspectives for Soil Carbon Projects. Germany: German Emissions Trading Authority (DEHSt).

Romano S, Ferri S T, Ventura G, et al. 2015. Land Use Sector Involvement in Mitigation Policies Across Carbon Markets-The Sustainability of Agro-Food and Natural Resource Systems in the Mediterranean Basin. Switzerland: Springer International Publishing.

World Bank Group. 2019. State and Trends of Carbon Pricing 2019. Washington, DC: World Bank.

附录 A 参数附表

表 A-1 全国不同区域农田 N_2O 直接排放因子默认值

区域	EF /(t N /t N 施肥量)	范围
I 区(内蒙古、新疆、甘肃、青海、西藏、陕西、山西、宁夏)	0.0056	0.0015~0.0085
II 区(黑龙江、吉林、辽宁)	0.0114	0.0021~0.0258
III 区(北京、天津、河北、河南、山东)	0.0057	0.0014~0.0081
IV 区(浙江、上海、江苏、安徽、江西、湖南、湖北、四川、重庆)	0.0109	0.0026~0.022
V 区(广东、广西、海南、福建)	0.0178	0.0046~0.0228
VI 区(云南、贵州)	0.0106	0.0025~0.0218

表 A-2 主要农作物秸秆与作物产量的比值、干重比及秸秆含氮量

农作物种类	秸秆与作物产量比 [a]	干重比	秸秆含氮量
水稻	1.045	0.855	0.00753
小麦	1.304	0.87	0.00516
玉米	1.283	0.86	0.0058
高粱	1.545	0.87	0.0073
谷子	1.597	0.83	0.0085
其他谷类	1.198	0.83	0.0056
大豆	1.353	0.86	0.0181
其他豆类	1.597	0.82	0.022
油菜籽	2.690	0.82	0.00548
花生	0.799	0.9	0.0182
芝麻	1.398	0.9	0.0131
籽棉	1.611	0.83	0.00548
甜菜	0.499	0.4	0.00507
甘蔗	0.333	0.32	0.0058
麻类	0.205	0.83	0.0131
薯类	0.499	0.45	0.011
蔬菜类	0.205	0.15	0.008

数据来源:国家发展和改革委员会.2012. 省级温室气体清单编制指南(试行)。

a. 此列数据由《省级温室气体清单编制指南(试行)》中主要农作物参数的经济系数推算获得。

表 A-3 化石燃料的净热值及 CO_2 排放因子推荐值

能源名称	计量单位	净热值/(GJ/t) [a]	CO_2 排放因子/(10^{-6} t CO_2/GJ) [b]
汽油	t	43.070	67500
柴油	t	42.652	72600

a. 数据来源《中国能源统计年鉴》(2018)的各种能源折标准煤参考系数;

b. 生态环境部 2019 年度中国区域电网二氧化碳基准线排放因子 OM 计算说明。

附录 B 报告格式模板

种植业机构温室气体排放报告

报告主体(盖章)：
报告年度：
编制日期： 年 月 日

根据《温室气体排放核算与报告要求 第 **XX** 部分：种植业机构》，本报告主体核算了＿＿＿年度温室气体排放量，并填写了相关数据表格，见表 **B-1**～表 **B-6**。现将有关情况报告如下：

一、报告主体基本信息

二、温室气体排放

三、活动数据及来源说明

四、排放因子数据及来源说明

五、其他需要说明的情况

本机构承诺对本报告的真实性负责。

法定代表人(签字)：

年　　月　　日

表 B-1　报告主体 ª＿＿＿＿年温室气体排放量汇总表

源类别		排放量/t	排放量/t CO₂eq
化石燃料燃烧二氧化碳排放量			
稻田甲烷排放量			
农田氧化亚氮排放量			
购入的电力二氧化碳排放量			
购入的热力二氧化碳排放量			
输出的电力二氧化碳排放量			
输出的热力二氧化碳排放量			
温室气体排放总量	不包括购入、输出电力和热力对应的二氧化碳排放		
	包括购入、输出电力和热力对应的二氧化碳排放		

a. 报告主体如果还从事本部分未涵盖的其他生产活动的温室气体排放环节，应自行加行报告。

表 B-2　化石燃料燃烧的活动数据和排放因子数据一览表

燃料品种	消费量 /(t 或万 Nm³)	低位发热量/ (GJ/t 或 GJ/万 Nm³)		单位热值含碳 量/(t C/GJ)	碳氧化率 /%	
		数据	数据来源		数据	数据来源
无烟煤			□检测值 □推荐值			□检测值 □推荐值
烟煤			□检测值 □推荐值			□检测值 □推荐值
褐煤			□检测值 □推荐值			□检测值 □推荐值
洗精煤			□检测值 □推荐值			□检测值 □推荐值
其他洗煤			□检测值 □推荐值			□检测值 □推荐值
型煤			□检测值 □推荐值			□检测值 □推荐值
其他煤制品			□检测值 □推荐值			□检测值 □推荐值
焦炭			□检测值 □推荐值			□检测值 □推荐值
原油			□检测值 □推荐值			□检测值 □推荐值
燃料油			□检测值 □推荐值			□检测值 □推荐值
汽油			□检测值 □推荐值			□检测值 □推荐值

续表

燃料品种	消费量 /(t 或万 Nm³)	低位发热量/ (GJ/t 或 GJ/万 Nm³)		单位热值含碳量/(t C/GJ)	碳氧化率 /%	
		数据	数据来源		数据	数据来源
柴油			□检测值 □推荐值			□检测值 □推荐值
一般煤油			□检测值 □推荐值			□检测值 □推荐值
炼厂干气			□检测值 □推荐值			□检测值 □推荐值
液化天然气			□检测值 □推荐值			□检测值 □推荐值
液化石油气			□检测值 □推荐值			□检测值 □推荐值
石脑油			□检测值 □推荐值			□检测值 □推荐值
焦油			□检测值 □推荐值			□检测值 □推荐值
粗苯			□检测值 □推荐值			□检测值 □推荐值
其他石油制品			□检测值 □推荐值			□检测值 □推荐值
液化天然气			□检测值 □推荐值			□检测值 □推荐值
液化石油气			□检测值 □推荐值			□检测值 □推荐值
天然气			□检测值 □推荐值			□检测值 □推荐值
高炉煤气			□检测值 □推荐值			□检测值 □推荐值
转炉煤气			□检测值 □推荐值			□检测值 □推荐值
焦炉煤气			□检测值 □推荐值			□检测值 □推荐值
其他煤气			□检测值 □推荐值			□检测值 □推荐值

表 B-3 报告主体稻田甲烷排放活动数据及排放因子信息表

水稻类型	种植面积/hm²	排放因子/(kg CH₄/hm²)
中稻和一季晚稻		
早稻		
双季晚稻		

表 B-4 报告主体农田氧化亚氮排放活动数据及排放因子信息表

肥料种类	肥料名称 a	施肥量/t	含氮率/%	氮素损失率		排放因子	
				FRAC挥发,f /%	FRAC淋溶和径流 /%	EF挥发 /(t N₂O-N/t N)	EF淋溶和径流 /(t N₂O-N/t N)
化肥	尿素						
	长效尿素						
	缓释尿素						
	氯化铵						
	硝酸铵						
	硫酸铵						
	碳酸氢铵						
	长效碳酸氢铵						
	硝酸钙						
	复合肥						
	水溶肥						
有机肥	人畜粪便						
	商业有机肥						
	生物有机肥						
	沼气肥						
	绿肥						
	泥肥						
	饼肥						
秸秆还田							

a.报告主体应自行添加未在表中列出但实际施用的肥料类型。

表 B-5 报告主体购入电力和热力活动数据及排放因子信息表

类型	购入量/(MW·h)或 GJ	电力、热力生产的二氧化它排放因子/(t CO₂/MW·h)或(t CO₂/GJ)
电力		
热力		

表 B-6 报告主体输出电力和热力活动数据及排放因子信息表

类型	输出量/(MW·h)或 GJ	电力、热力生产的二氧化它排放因子/(t CO₂/MW·h)或(t CO₂/GJ)
电力		
热力		

附录 C 相关参数推荐值

相关参数推荐值见表 C-1～表 C-7。

表 C-1 常见化石燃料特性参数推荐值

燃料品种		计量单位	低位发热量 /(GJ/t, GJ/万 Nm³)	单位热值含碳量 /(t C/GJ)	燃料碳氧化率/%
固体燃料	无烟煤	t	26.7[c]	0.0274[b]	94[b]
	烟煤	t	19.570[d]	0.0261[b]	93[b]
	褐煤	t	11.9[c]	0.028[b]	96[b]
	洗精煤	t	26.344[a]	0.02541[b]	90[d]
	其他洗煤	t	8.363[a]	0.02541[b]	90[d]
	型煤	t	15.473[d]	0.0336[b]	90[b]
	其他煤制品	t	17.460[d]	0.0336[b]	98[b]
	焦炭	t	28.435[a]	0.0295[b]	93[b]
液体燃料	原油	t	41.816[a]	0.0201[b]	98[b]
	燃料油	t	41.816[a]	0.0211[b]	98[b]
	汽油	t	43.070[a]	0.0189[b]	98[b]
	柴油	t	42.652[a]	0.0202[b]	98[b]
	煤油	t	43.070[a]	0.0196[b]	98[b]
	炼厂干气	t	45.998[a]	0.0182[b]	99[b]
	液化天然气	t	51.434[c]	0.0172[b]	98[b]
	液化石油气	t	50.179[a]	0.0172[b]	98[b]
	石脑油	t	43.907[c]	0.0200[b]	98[b]
	煤焦油	t	33.453[a]	0.0220[c]	98[b]
	粗苯	t	41.816[a]	0.0227[d]	98[b]
	其他石油制品	t	40.980[c]	0.0200[b]	98[b]
气体燃料	天然气	万 Nm³	38.931[a]	0.0153[b]	99[b]
	高炉煤气	万 Nm³	3.763[d]	0.07080[c]	99[b]
	转炉煤气	万 Nm³	7.945[d]	0.04960[b]	99[b]
	焦炉煤气	万 Nm³	16.726[a]	0.01358[b]	99[b]
	其他煤气	万 Nm³	5.227[a]	0.0122[b]	99[b]

a. 国家统计局能源统计司. 2020. 中国能源统计年鉴 2019. 北京：中国统计出版社

b. 国家发展和改革委员会. 2012. 省级温室气体清单指南(试行)

c. IPCC. 2006. 2006 年 IPCC 国家温室气体清单指南

d. 国家气候变化对策协调小组办公室, 国家发展和改革委员会能源研究所. 2007. 中国温室气体清单研究. 北京：中国环境科学出版社

表 C-2　各区域不同稻田类型 CH_4 平均排放因子

区域	中稻和一季晚稻 /(kg CH_4/hm^2)	双季稻/(kg CH_4/hm^2)	
		早稻	晚稻
华北 [a]	234.0	—	—
华东 [b]	215.5	211.4	224.0
中南华南 [c]	236.7	241.0	273.2
西南 [d]	156.2	156.2	171.7
东北 [e]	168.0	—	—
西北 [f]	231.2	—	—

a.华北：北京、天津、河北、山西、内蒙古
b.华东：上海、江苏、浙江、安徽、福建、江西、山东
c.中南华南：河南、湖北、湖南、广东、广西、海南
d.西南：重庆、四川、贵州、云南、西藏
e.东北：辽宁、吉林、黑龙江
f.西北：陕西、甘肃、青海、宁夏、新疆
数据来源：国家发展和改革委员会.2012.省级温室气体清单编制指南(试行)

表 C-3　全国不同区域农田 N_2O 直接排放因子

区域	EF 施肥 /(t N_2O-N/t N 施氮量)
内蒙古、新疆、甘肃、青海、西藏、陕西、山西、宁夏	0.0056
黑龙江、吉林、辽宁	0.0114
北京、天津、河北、河南、山东	0.0057
浙江、上海、江苏、安徽、江西、湖南、湖北、四川、重庆	0.0109
广东、广西、海南、福建	0.0178
云南、贵州	0.0106

数据来源：国家发展和改革委员会.2012.省级温室气体清单编制指南(试行)

表 C-4　不同肥料氨挥发、淋溶径流造成的氮损失比例

氮损失类型	肥料类型		
	化肥/%	有机肥/%	秸秆还田/%
FRAC 挥发,f	10(3～30)	20(5～50)	0
FRAC 淋溶和径流	30(10～80)		

数据来源：IPCC.2016.2006 年 IPCC 国家温室气体清单指南

表 C-5　氨气和氮氧化物挥发、淋溶和径流 N_2O 排放因子

排放源	排放因子
EF 挥发/(t N_2O-N/t N 氨气和氮氧化物挥发量)	0.01
EF 淋溶和径流/(t N_2O-N/t N 淋溶和径流量)	0.0075

数据来源：IPCC.2016.2006 年 IPCC 国家温室气体清单指南

表 C-6　主要农作物种类的参数

农作物种类	收获指数/%	秸秆和根含氮量/(t N/t 秸秆)	根冠比/(干重，无量纲)
水稻	48.9	0.0075	0.125
小麦	43.4	0.0052	0.166
玉米	43.8	0.0058	0.170
高粱	39.3	0.0073	0.185
谷子	38.5	0.0085	0.166
其他谷类	45.5	0.0056	0.166
大豆	42.5	0.0181	0.130
其他豆类	38.5	0.0220	0.130
油菜籽	27.1	0.0055	0.150
花生	55.6	0.0182	0.200
芝麻	41.7	0.0131	0.200
籽棉	38.3	0.0055	0.200
甜菜	66.7	0.0051	0.050
甘蔗	75.0	0.0058	0.260
麻类	83.0	0.0131	0.200
薯类	66.7	0.0110	0.050
蔬菜类	83.0	0.0080	0.250
烟叶	83.0	0.0144	0.200

注：报告主体如果还种植其他作物，应自行加行报告

数据来源：国家发展和改革委员会. 2012. 省级温室气体清单编制指南(试行)

表 C-7　2019 年度减排项目中国区域电网基准线排放因子结果

电网名称	$EF_{grid,OM,Simple,y}$ /(t CO_2/MW·h)	$EF_{grid,BM,y}$ (t CO_2/MW·h)	覆盖省份
华北区域电网	0.9419	0.4819	北京、天津、河北、山西、山东、内蒙古
东北区域电网	1.0826	0.2399	辽宁、吉林、黑龙江
华东区域电网	0.7921	0.3870	上海、江苏、浙江、安徽、福建
华中区域电网	0.8587	0.2854	河南、湖北、湖南、江西、四川、重庆
西北区域电网	0.8922	0.4407	陕西、甘肃、青海、宁夏、新疆
南方区域电网	0.8042	0.2135	广东、广西、云南、贵州、海南

数据来源：生态环境部. 2019. 2019 年度中国区域电网二氧化碳基准线排放因子 OM 计算说明. https://www.mee.gov.cn/ywgz/ydqhbh/wsqtkz/202012/t20201229_815386.shtml

附录 D 排放监测计划模板

****机构(或者其他经济组织)名称
温室气体排放监测计划

A 监测计划的版本及修订

版本号	修订(发布)内容	修订(发布)时间	备注

B 报告主体描述

机构(或者其他经济组织)名称			
地址			
统一社会信用代码(组织机构代码)		行业分类 (按核算标准分类)	
法定代表人	姓名:	电话:	
监测计划制定人	姓名:	电话:	邮箱:

报告主体简介

1. 单位简介

(至少包括：成立时间、所有权状况、法人代表、组织机构图和厂区平面分布图)

2. 主营产品

(至少包括：主营产品的名称及产品代码)

3. 主营产品及生产工艺

(至少包括：每种产品的生产工艺流程图及工艺流程描述，并在图中标明排放的温室气体)

续表

C 核算边界和温室气体排放的描述

4. 法人边界的核算和报告范围描述 a

5. 主要排放设施

5.1 与燃料燃烧排放相关的排放设施

编号	排放设施名称	排放设施安装位置	排放过程及温室气体种类 c	是否纳入配额管控范围

5.2 主要耗电和耗热的设施 d

编号	设施名称	设施安装位置	是否纳入配额管控范围

D 活动数据和排放因子的确定方式

D-1 燃料燃烧排放活动数据和排放因子的确定方式 e

燃料种类	单位	数据的计算方法及获取方式 e	测量设备（适用于数据获取方式来源于实测值）					数据记录频次	数据缺失时的处理方式	数据获取负责部门
			监测设备及型号	监测设备安装位置	监测频次	监测设备精度	规定的监测设备校准频次			
		选取以下获取方式，写明具体方法和标准： ■ 实测值（如是，请填具体数值，采用在表下加备注）； ■ 推荐值（如是，请填具体数值）； ■ 相关方结算凭证（如是，请具体填报时，采用在表下加备注供应商数据质量）； ■ 其他方式（如是，请具体填写时，采用在表下加备注的方式详细描述）。								

续表

燃料种类 A[f]												
消耗量												
低位发热值												
单位热值含碳量												
含碳量 [g]												
碳氧化率	%											
燃料种类 B												
消耗量												
低位发热值												
单位热值含碳量												
含碳量												
碳氧化率	%											
燃料种类 C												
……												

续表

D-2 过程排放活动数据和排放因子的确定方式

（行业核算标准中，除燃料燃烧、温室气体回收利用和固碳产品隐含的排放以及购入电力和热力产生的 CO_2 排放外，其他排放均列入此表。）

过程参数	参数描述	单位	数据的计算方法及获取方式 b 数据的获取方式：选取以下获取方式：■ 实测值（如是，请具体填报时，采用在表下加备注的方式写明具体方法和标准）；■ 推荐值（如是，请填写具体数值）；■ 相关方结算凭证（如是，请填报时，采用在表下加备注注明如何确保相应数据质量）；■ 其他方式（如是，请填报时，采用在表下加备注的方式填写如何确保相应数据质量）。	测量设备（适用于数据获取方式来源于实测值）					数据记录频次	数据缺失时的处理方式	数据获取负责部门
				监测设备及型号	监测设备安装位置	监测频次	监测设备精度	规定的监测设备校准频次			
稻田甲烷排放：											
中稻和一季晚稻											
双季早稻											
双季晚稻											
中稻和一季晚稻排放因子											
双季早稻排放因子											
双季晚稻排放因子											
农田氧化亚氮排放：											
化肥类型 1 施用量											
化肥类型 1 含氮量											

续表

化肥类型 2 施用量					
化肥类型 2 含氮量					
……					
有机肥类型 1 施用量					
有机肥类型 1 含氮量					
有机肥类型 2 施用量					
有机肥类型 2 含氮量					
…					
秸秆类型 1 还田量					
秸秆类型 1 含氮量					
秸秆类型 2 还田量					
秸秆类型 2 含氮量					
…					
农田氧化亚氮直接排放因子					
氮沉降氧化亚氮间接排放因子					
淋溶径流氧化亚氮间接排放因子					

续表

D-3 净购入电力和热力活动数据和排放因子的确定方式

过程参数	单位	数据的计算方法及获取方式[i] 选取以下获取方式： ■ 实测值（如是，请具体填报时，采用在表下加备注的方式写明具体方法和标准）； ■ 推荐值（如是，请填写具体数值）； ■ 相关方结算凭证（如是，请具体填报时，采用在表下加备注注明方式填写如何确保商供应商数据质量）； ■ 其他方式（如是，请具体填报时，采用在表下加备注的方式详细描述）。	测量设备（适用于数据表获取方式来源于实测值）					数据记录频次	数据缺失时的处理方式	数据获取负责部门
			监测设备及型号	监测设备安装位置	监测频次	监测设备精度	规定的监测设备校准频次			
净购入电量	MW·h									
净购入电力排放因子	t CO₂/MW·h									
净购入热量	GJ									
净购入热力排放因子	t CO₂/GJ									

续表

E 数据内部质量控制和质量保证相关规定

至少包括如下内容：

— 温室气体监测计划制定、温室气体报告专门人员的指定情况；

— 监测计划的制订、修订、审批以及执行等的管理程序；

— 温室气体报告的编写、内部评估以及审批等管理程序；

— 温室气体数据文件的归档管理程序等内容。

（如不能全部描述可增加附件说明）

填报人：	填报时间：
内部审核人：	审核时间：

填报单位盖章

a. 按行业核算方法和报告要求中的"核算边界"章节的要求具体描述

b. 对于同一设施同时涉及 6.1/6.2/6.3 类排放的，需要在各类排放设施中重复填写

c. 例如煤过程产生的二氧化碳排放

d. 该类设施，特别是耗电设施，只需填写主要设施即可，例如耗电量较小的照明设施可不填写

e. 如果报告数据是由若干个参数通过一定的计算方法计算得出，需要填写计算公式以及计算公式中的每一个参数的获取方式

f. 填报时请列明具体的燃料名称，同一燃料品种仅需填报一次，如果有多个设施消耗同一种燃料，不同设施的同一燃料相关信息应分别列明。请在"数据的计算方法及获取方式"中对"消耗量"、"低位发热量"、"单位热值含碳量"、"含碳量"、"碳氧化率"等参数的计算公式及计算相关信息应分别列明

g. 仅适用于化工和石化行业

h. 如果报告数据是由若干个参数通过一定的计算方法计算得出，需要填写计算公式以及计算公式中的每一个参数的获取方式

i. 如果报告数据是由若干个参数通过一定的计算方法计算得出，需要填写计算公式以及计算公式中的每一个参数的获取方式

缩 略 词 表

缩略词	全称	含义
ACR	American Carbon Registry	美国碳注册
AEOS	Alberta Emissions Offset System	阿尔伯塔排放抵消系统
AFOLU	agriculture, forestry and other land use	农业、林业和其他土地利用
CAR	Climate Action Reserve	气候行动储备
CARB	California Air Resources Board	美国加利福尼亚州空气资源委员会
CCER	Chinese certified emission reduction	中国核证自愿减排量
CDM	clean development mechanism	清洁发展机制
CFI	Carbon Farming Initiative	农业减排固碳倡议
CO_2eq	carbon dioxide equivalent	二氧化碳当量
CORSIA	Carbon Offsetting and Reduction Scheme for International Aviation	国际航空碳抵消和减排计划
ERF	Emission Reduction Fund	澳大利亚减排基金
ETS	emission trading scheme	排放交易体系
EU-ETS	European Union Emissions Trading Scheme	欧盟排放交易体系
GHG	greenhouse gas	温室气体
GS	gold standard	黄金标准
IPCC	Intergovernmental Panel on Climate Change	联合国政府间气候变化专门委员会
JI	joint implementation	联合履约
LULUCF	land use , land-use change and forestry	土地利用、土地利用变化与森林
NZ-ETS	New Zealand Emissions Trading Scheme	新西兰排放交易体系
REDD	reducing emissions from deforestation and forest degradation	减少森林砍伐和森林退化造成的排放
SOC	soil organic carbon	土壤有机碳
UNFCCC	United Nations Framework Convention on Climate Change	联合国气候变化框架公约
VCS	verified carbon standard	核证碳标准